西安鼓楼振动性能评估与分析

田鹏刚　冯　滨　张风亮　张少雄
边兆伟　员作义　张清三　刘　炜　编著

中国建筑工业出版社

图书在版编目（CIP）数据

西安鼓楼振动性能评估与分析/田鹏刚等编著．—北京：中国建筑工业出版社，2022.3
ISBN 978-7-112-27172-6

Ⅰ.①西… Ⅱ.①田… Ⅲ.①楼阁-古建筑-振动-性能-研究-西安 Ⅳ.①TU-87

中国版本图书馆 CIP 数据核字（2022）第 040734 号

近年来，随着科学技术进步，交通事业得到了迅速发展。快速发展的交通在给居民及社会带来便利的同时，也带来诸多安全、环保问题。例如，交通振动会引起地表路面变形、周边建筑物倾斜、坍塌等。同时，沿线的古建筑在交通振动产生的往复荷载作用下易发生结构的疲劳破坏，从而降低其整体刚度和整体承载力。为此，为评估交通振动对这些具有很高历史价值的古建筑的影响，本书以西安鼓楼为研究对象，综合运用现场振动测试、理论分析以及有限元数值模拟的方法，深入研究了西安鼓楼的地面交通振动响应、动力特性以及地铁交通振动响应，并依据国家相关规范对其进行振动安全评估，为西安地铁六号线的选线及西安鼓楼延寿保护提供理论依据。

本书可供文物主管部门、文物使用部门、文物科研院所和各大高校相关专业的科研人员参考。

责任编辑：王华月　杨　杰
责任校对：李美娜　刘梦然

西安鼓楼振动性能评估与分析
田鹏刚　冯　滨　张风亮　张少雄　边兆伟　员作义　张清三　刘　炜　编著

*

中国建筑工业出版社出版、发行（北京海淀三里河路 9 号）
各地新华书店、建筑书店经销
北京龙达新润科技有限公司制版
北京京华铭诚工贸有限公司印刷

*

开本：787 毫米×960 毫米　1/16　印张：6½　字数：119 千字
2022 年 3 月第一版　2022 年 3 月第一次印刷
定价：**48.00** 元

ISBN 978-7-112-27172-6
（38897）

前　言

古建筑是历史发展的见证和民族文化兴衰潮汐之映影，是不可再生的珍贵文化资源，具有极高的历史、文化、艺术和科学价值，现存的古建筑已成为各国乃至世界的重要文化遗产。同时，古建筑的合理保护和传承对当地文化建设、经济发展具有重要的促进作用。

由于文化、技术等多方面原因，我国现存古建筑多以木结构为主要的结构形式。相比于西方国家以石材为主要建筑材料的建筑，木结构古建筑更容易损坏。一方面，木结构在长时间的使用过程中，由于木材性能会不断退化，以及其他外界因素影响，会造成木结构发生不同程度的损伤，再加上近年来人为破坏的情况愈发严重，使得古建筑安全情况每况愈下；另一方面，随着中国城市化不断推进，城市交通的发展突飞猛进，特别是市政道路以及地铁交通的发展，在给人们带来便利的同时，引发的交通振动也会加速古建筑的损伤，而交通振动是长期存在的，它会在很大程度上诱发古建筑的疲劳损伤。所以，研究交通振动对古建筑的影响已经成为一个亟待解决的问题。

鉴于此现状，本书以西安鼓楼为例，将项目组多年来积累的文物保护经验总结成书，详细介绍了地面交通激励下西安鼓楼动力响应测试、动力特性分析和有限元参数分析，地铁振动激励下西安鼓楼动力响应分析，奉献给读者，希望能起到抛砖引玉的效果。

全书共分 5 章，第 1 章系统介绍了西安鼓楼的历史沿革和保护研究现状，交通振动对建筑物的影响；第 2 章通过现场实测，对地面交通激励下西安鼓楼动力响应进行了测试和评估；第 3 章对地面交通激励下西安鼓楼动力特性进行了分析；第 4 章通过有限元模拟，对西安鼓楼动力特性进行了校核分析；第 5 章对地铁振动激励下西安鼓楼的动力特性及动力响应进行了参数分析和振动预评估。

本书由陕西省建筑科学研究院有限公司田鹏刚、张风亮、张少雄、边兆伟、员作义，西安市钟鼓楼保管所冯滨、张清三、刘炜共同撰写，由田鹏刚统稿并校阅全书。书中反映了作者及项目组全体成员的研究成果，除上述作者外，西安理工大学卢俊龙，陕西省建筑科学研究院有限公司胡晓锋、史继创、易术春、成浩、刘岁强等都付出了很多心血。本书能得以顺利完成，还要感谢关心古建筑保护研究的诸多前辈们，他们对本书内容提出了不少宝贵意见，在此向他们表示深切的谢意。

本书在编写过程中参考了大量国内外文献、同类教材和著作，在此一并致谢。

希望本书能为读者的学习和工作提供帮助。鉴于作者水平有限，书中难免有错误及不妥之处，敬请同行专家及广大读者批评指正。

编者

陕西省建筑科学研究院有限公司

2021 年 12 月

目　录

第1章 西安鼓楼概述

1.1 西安鼓楼基本概况

西安鼓楼（图1-1），位于古都西安市中心，明城墙内东、西、南、北四条大街交汇处的西安钟楼西北方约200m处（图1-2）。建于明太祖朱元璋洪武十三年（1380年），比西安钟楼早建4年，是中国古代遗留下来众多鼓楼中形制最大、保存最完整鼓楼之一。

图1-1 西安鼓楼

西安鼓楼建在方形基座之上，整体为砖木结构，屋盖为重檐歇山式，总高36m，占地面积1377m^2，内有楼梯可盘旋而上。在檐上覆盖有深绿色琉璃瓦，

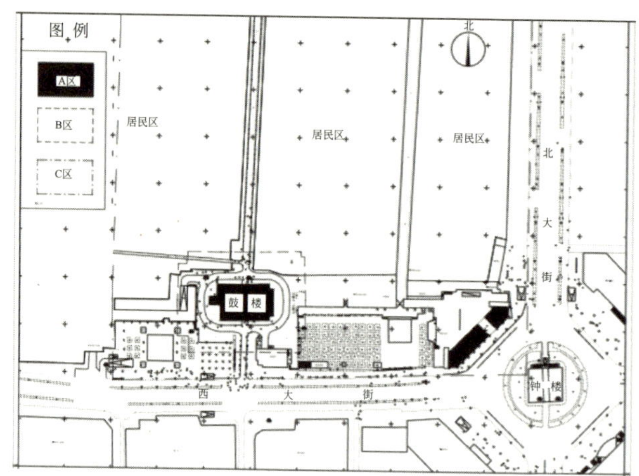

图 1-2 西安鼓楼位置示意图

楼内贴金彩绘，画栋雕梁，顶部有鎏金宝顶，是西安的标志性建筑。

1956 年 8 月 6 日，陕西省人民委员会（即陕西省人民政府）公布西安鼓楼为省级重点文物保护单位。1996 年 11 月 20 日，中华人民共和国国务院（以下简称国务院）公布西安鼓楼为全国重点文物保护单位（中国不可移动文物的最高保护级别）。

西安鼓楼楼上原有巨鼓一面，每日击鼓报时，故称“鼓楼”。鼓楼横跨北院门大街之上，和钟楼相距仅 200m，互相对应。主持修建鼓楼的人是长兴侯耿炳文、西安知府王宗周，据说是在微雨朦胧之中为鼓楼工程奠基的。清康熙三十八年（1699 年）、乾隆四年（1740 年）曾先后两次重修。据乾隆五年（1741 年）《重修西安鼓楼记》载，上年陕西小麦丰收，“陇有赢粮，亩有遗秉，民不俟命”，出现了“男娶女归，礼兴讼息”的太平景象，于是效法古事“盛世修史，丰年盖楼”，重整鼓楼。长安县令王瑞具体负责修缮事宜。

古时击钟报晨，击鼓报暮，因此有“晨钟暮鼓”之称。同时，夜间击鼓以报时，“三鼓”，就是“三更”，“五鼓”就是“五更”，一夜共报 5 次。明代的西安城周长 11.9km，面积为 8.7km^2，鼓楼位于西安城中部偏西南，为使鼓声能传遍全城，就必须建造高楼，并设置大鼓。明、清两代，鼓楼周围的建筑大多是陕西行省、西安府署的各级衙门，这些衙门办公和四周的居民生活都离不开鼓声，鼓声也成为当时人们最熟悉的悦耳之声，成为当时重要的标志性建筑。李允宽所书写的“声闻于天”匾额，画龙点睛，说明了鼓楼的实际意义。现在楼内设有楼梯，可以登临楼上，凭栏便能眺望全城景色。西安鼓楼是城内明清建筑物的主要标志和代表之一。

从 20 世纪 50 年代开始，政府曾多次对鼓楼进行了修缮，20 世纪 90 年代又贴金描彩，进行了大规模维修，为进一步开发和利用文物资源，促进文化旅游事业发展，开始恢复了“晨钟暮鼓”。1996 年西安市政府决定重制鼓楼大鼓，重制的大鼓高 1.8m，鼓面直径 2.83m，系用整张优质牛皮蒙制而成。鼓腹直径 3.43m，重 1.5t。上有泡钉 1996 个，寓意 1996 年制，加上 4 个铜环共 2000 个，象征公元 2000 年，催人奋进，跨入 21 世纪。该鼓声音洪亮、浑厚，重槌之下，十里可闻，是中国最大的鼓。在钟楼和鼓楼之间，开辟为钟鼓楼广场，绿草红花点缀其间，造型独特的声光喷泉不时变换，是古城人民休闲、娱乐的好去处。

1956 年 8 月 6 日，陕西省人民委员会公布鼓楼为省级重点文物保护单位。1996 年 11 月 20 日国务院公布鼓楼为全国重点文物保护单位。同时公布保护范围：其重点保护区为鼓楼基座四周边（包括台阶）；一般保护区为重点保护区外延 34m；建设控制地带为东至北大街，南至西大街，北至市政府门前，西侧自一般保护区外延 70m，鼓楼得到了有效的保护。

1.2　西安鼓楼建筑特点

鼓楼建于高大的长方形台基之上，为砖木结构，通高 34m。高台砖基座东西长 52.6m，南北宽 38m，高 8m。基座南北正中辟有高宽均 6m 的拱券门洞，供人车出入，南通西大街，北通北院门。面积 1998.8m^2，登陆踏步已由原来的西北侧改为如今的正东侧。

鼓楼主体为梁架式木结构楼阁建筑，上下两层，重檐 3 层。正面（南向）为 7 间。进深 3 间，四周回廊深度各为 1 间，按楹柱距离计算，正面为 9 间，侧面为 7 间，即古代建筑中俗称的“七间九”。屋面覆盖以剪边灰瓦，楼基除两端尾外，不加其他装饰，尽显雄浑庄严。

鼓楼建筑形式是歇山式重檐三滴水。鼓楼呈长方形，分上下两层。第一层楼上置腰檐和平座，第二层楼为重檐歇山式顶，上覆灰瓦，绿色琉璃瓦剪边。上下两层面阔各为 7 间，进深均为 3 间，四周环有走廊。楼的外檐和平座都装饰有青绿彩绘斗栱，使楼的整体显得层次分明，华丽秀美。

鼓楼的构造技术，在应用了唐朝风格、宋代建筑法则的基础上又有不少创新。全楼结构无一铁钉，楼檐和平座都使用了斗栱构造原理，外观楼体古雅雄健，富有民族特色。

屋顶是中国古代建筑之冠冕。早在汉代，劳动人民就创造出多种如庑殿、歇山、悬山、攒尖等形式的屋顶。在君主专制社会里，屋顶有着严格的等级制度，重檐即是统治阶级为提高其权威而独占的一种形式：重檐庑殿顶为最尊，如故宫太和殿；重檐歇山顶次之，如天安门。鼓楼的屋顶形式即“歇山顶”式，与天安门等同，但比其还高出 1m。

建筑彩绘，也是中国传统建筑的主要特征之一。以浓艳重彩描绘的各种图案，既有装饰效果，又可保护木材。在中国封建君主专制社会里，建筑色彩使用同样具有严格的等级限制：金、珠、黄最尊贵的和玺彩绘为第一等，只用于帝王贵族象征皇权的建筑；青、绿的旋子彩绘次之，用于文武百官的宅邸；苏式彩绘则位居第三。西安鼓楼现存彩绘为和玺彩绘和旋子彩绘，并绘有沥粉金龙，成为古建筑彩绘的精品之作。纵观整个明朝，西安鼓楼的建筑形制、级别之高甚至超过了当时的国都南京。图 1-3 为西安鼓楼建筑平面图。图 1-4 为西安鼓楼建筑剖面图。图 1-5 为西安鼓楼台基和建筑立面图及侧立面图。

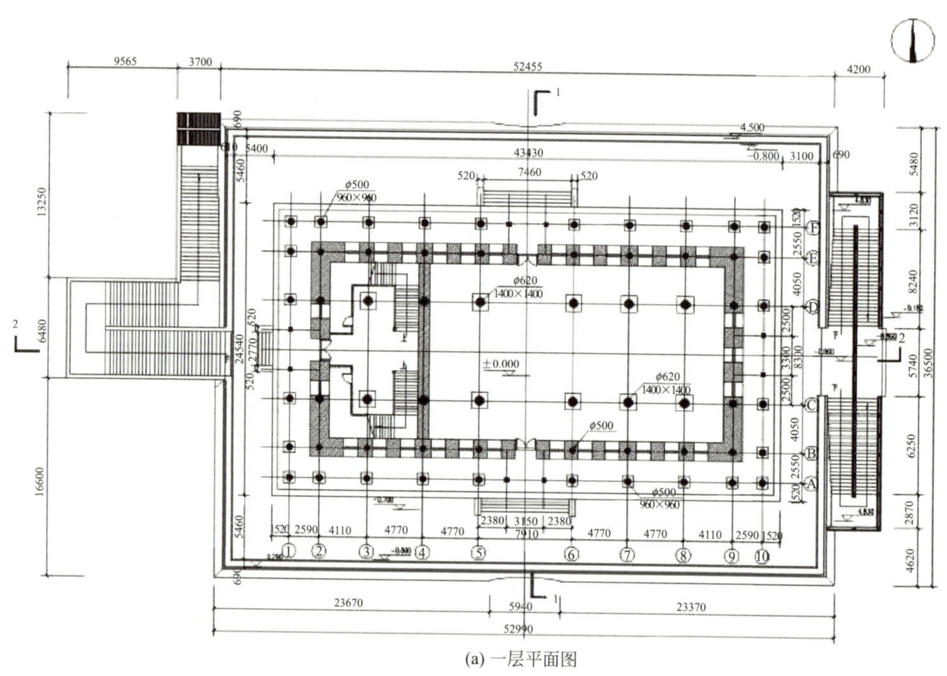

(a) 一层平面图

图 1-3　西安鼓楼建筑平面图（一）

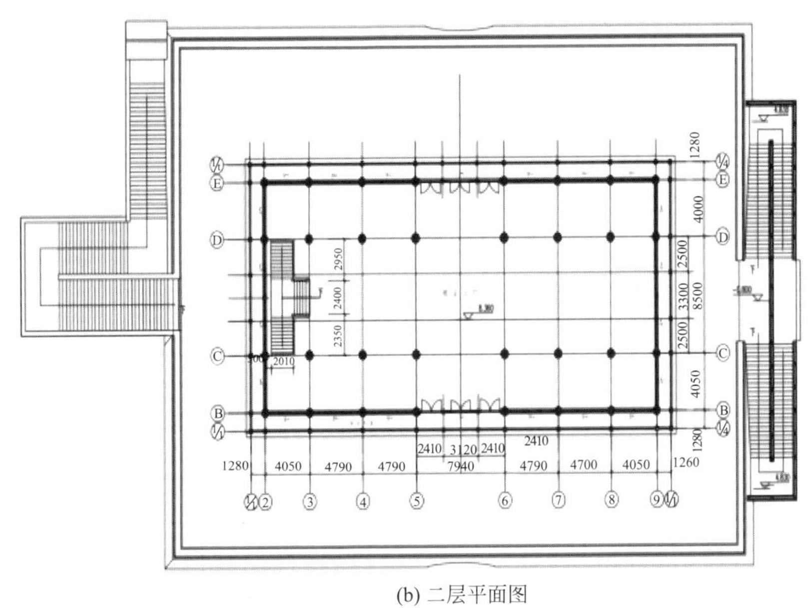

(b) 二层平面图

图 1-3　西安鼓楼建筑平面图（二）

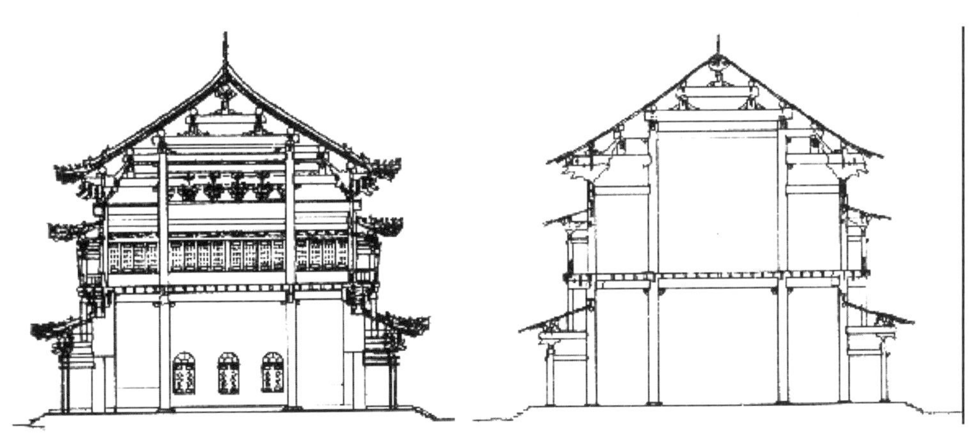

图 1-4　西安鼓楼建筑剖面图

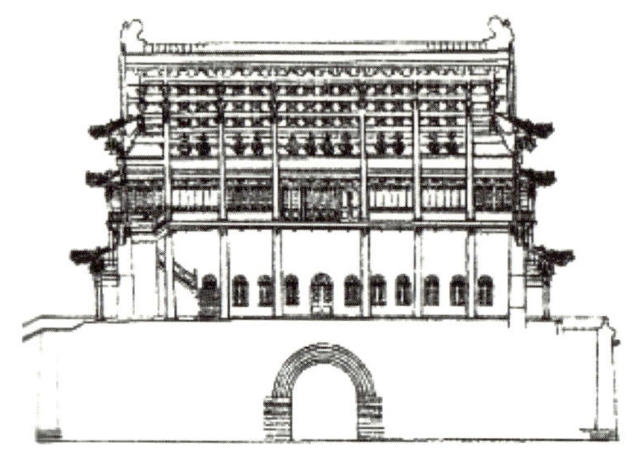
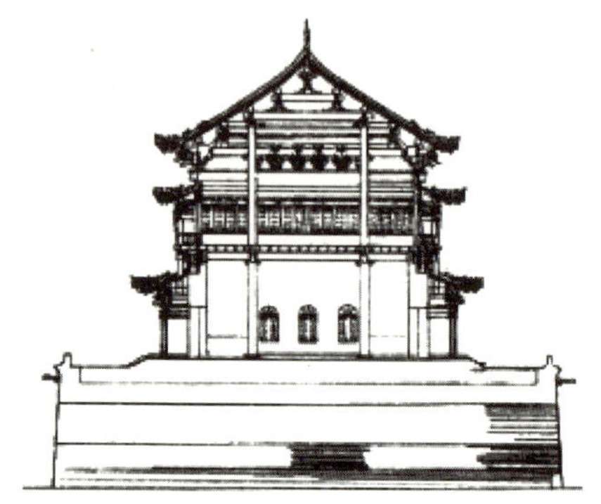

图 1-5　鼓楼台基和建筑立面图及侧立面图

1.3　西安鼓楼结构特点

西安鼓楼屋顶为歇山式屋顶，宋朝称曹殿、九脊殿或不厦两头造，在规格上仅次于庑殿顶。歇山式屋顶共有九条屋脊，一条正脊、四条戗脊和四条垂脊，因此又称为九脊顶。由于其正脊的两端到屋檐处中间折断了一次，好像歇了一歇，把原来的屋脊分成为垂脊和戗脊，故名歇山式屋顶。歇山式屋顶的上半部分为硬山顶或悬山顶的样式，而下半部分则为庑殿顶的样式。因此，歇山式屋顶曲直相交但又区分明显，在视觉上给人以结构清晰、棱角分明的视觉感受。在歇山式屋顶的两侧形成的三角形墙面，叫作山花，它与博风板（在山面中）之间的距离能够形成阴影。为使屋顶的体型不显得过于庞大，山花还要从山面檐柱的中线向内侧收进，此之所谓的收山。歇山式屋顶的屋脊上面可以有各种脊兽装饰，其用法和数量都是有严格等级限制。歇山顶也分为单檐和重檐两种。其中重檐歇山顶的等级高于单檐庑殿顶，但低于重檐庑殿顶，而单檐歇山顶的等级低于单檐庑殿顶，这种形式的建筑只有五品以上的官吏才能使用，后来随着时代变迁，也有些民宅开始使用歇山式建筑。歇山式建筑的出现晚于庑殿式建筑，其样式最早出现于汉阙的石刻，在汉代的明器、北朝石窟的壁画上，也都可看到歇山式建筑。

歇山式建筑的屋顶四面出檐，前后檐檐椽的后尾搭置在其各自的下金檩上，两山面檐椽的后尾搭置在“踩金枨”上，这个特殊构件既非梁又非檩，两端似檩，只有在歇山式建筑中才有，它既能够支承着它上面的梁架，又能承接山面的檐椽后尾，它的两端与前后檐的下金檩相交，是一个兼有檩条和梁架双重作用的特殊构件。另外，歇山式建筑的梢间屋面做法类似于悬山顶做法，梢间的檩子沿山面挑出，出梢部分由草架柱支撑。对于重檐歇山式建筑来说，其上半部分为悬山式，下半部分为庑殿式，因此它兼有悬山式建筑和庑殿式建筑的特征。

西安鼓楼屋面采取举折做法，所谓举折，既“举”又“折”，“举”就是撩檐枋与脊槫的高差，“折”就是屋顶剖面的折线。《周礼·考工记》中就曾有“葺屋三分，瓦屋四分”的记载，而宋代《营造法式》中也有“凡屋宇之高深，各物之短长，曲直举折之势，规矩绳墨之宜，皆以所用材之分以为制度焉”的记载。这种独特的屋面构造形式不仅可以避免屋顶下泄的雨水渗入柱脚和基础中而冲毁台基，保证室内良好的采光需求，也能够满足人们舒展优美的审美需求，以及使屋架保持一定高度的结构需求。“举折”是宋朝的《营造法式》中的称呼，而在不同的时期它却有着不同的叫法，清工部《工程做法》中称之为“举架”，记述江南建筑做法的《营造法源》中称之为“提栈”。“举折”“举架”“提栈”的作用和目的相同，只是由于地区或时代的不同，具体做法稍有差别而已。举折的具体做法见图1-6：总进深为房屋的前后撩檐枋心之间的水平距离，在前后撩檐枋上坡

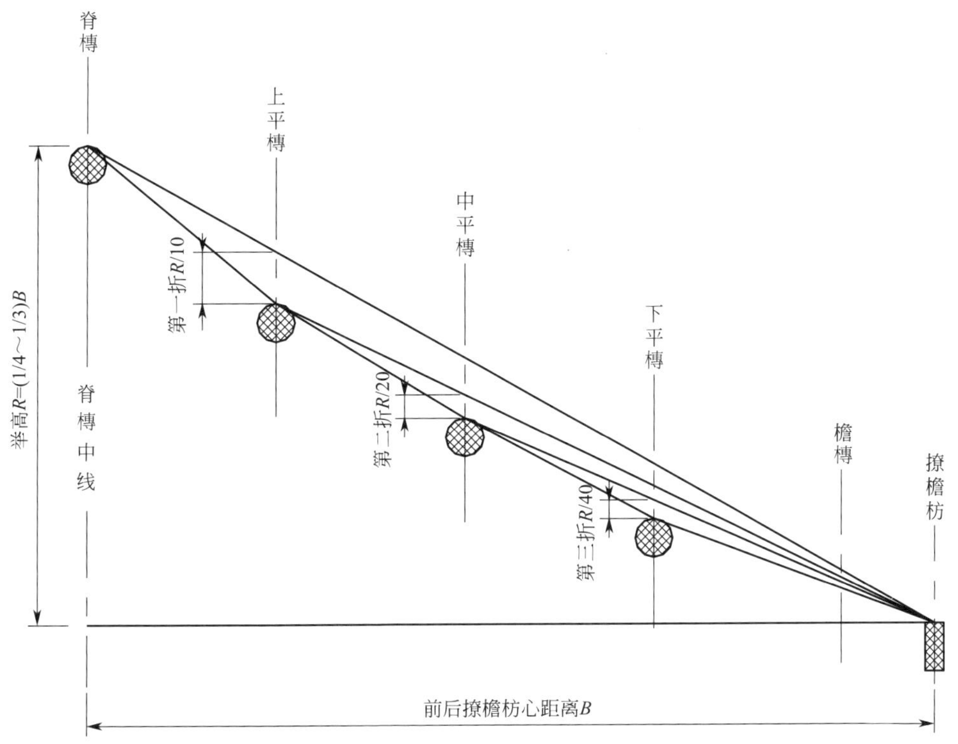

图1-6　建筑屋顶举折

的连线中点举起 1/4～1/3 总进深作为脊椽上坡的高度，称举高（R）。第一步将脊椽上坡与撩檐枋上坡连一直线，自脊椽而下，第一椽缝折下 $R/10$，第二椽缝依前法再向下折 $R/20$，第三椽缝依前法再折 $R/40$，如此类推。简而言之：先按前后最外一条檩的距离定脊高度，再从上而下分段按各段举高 1/10、1/20、1/40……依次下折而定每椽的斜度。正因为每一步的举折不同，屋面上的椽子也各不相同，按其位置不同分别称为檐椽、花架椽、脑椽。在各段椽子中，檐椽是最长的，它的长度为檐步架加上挑出部分再乘以五举系数 1.12，在檐椽之上，还有一层附在檐头向外挑出、后尾呈楔形的飞椽，飞椽的使用使得檐椽之外又挑出一段飞檐，它略微向上翘起，从而使得挑出深远的屋檐成反宇之势，有利于室内采光。同时，由于飞椽举度较缓，还可以将屋面流下的雨水抛出更远，防止雨水垂直溅落在柱根上。曾有古人用“上反宇以盖载，激日影而纳光”及“上尊而宇卑，吐水疾而溜远”来描述它的优越性能。

西安鼓楼主体是采用木构架承重，相当于现代的框架结构，竖向荷载都由柱子承担，墙体只用来隔挡与围护。西安鼓楼木结构柱子主要分为 12 根中心柱，和 20 根边柱，同时木柱放置方式是我国木结构独有的方式，木柱直接放置于柱础之上，即“平摆浮搁”（图 1-7）。由于木柱是直接放置于柱础之上，则木柱可以在柱础上产生一定的滑移，而在滑移的过程中可以消耗能量，起到隔震的效果。

图 1-7　柱脚平摆浮搁

西安鼓楼梁柱之间的连接方式采用榫卯连接（图 1-8），榫卯是指在两个木构件上所采用凹凸部位相结合的一种连接方式。构件中凸出的部分叫榫，凹进部分叫卯，通过榫和卯之间咬合，起到连接作用。这种连接方式首先可以缓解节点处出现应力集中的现象，在地震来临时榫卯节点会发生“松动”却不会“散架”，并且在“松动”的过程中会消耗地震传来的能量，起到减震耗能的作用。

图 1-8 榫卯节点

西安鼓楼另一种特点就是斗栱的种类繁多，斗栱是榫卯结合的一种构件，它不仅可以起到建筑装饰效果；从结构力学的角度分析，斗栱处在柱与梁之间，屋面和上层结构传下来的荷载，要通过斗栱传给柱子，再由柱传到基础，因此，斗栱还起着承上启下，传递荷载的作用。当地震来临时，斗栱之间可以发生摩擦变形，吸收一部分能量，减轻主体结构的损伤。

1.4 项目实施目的和意义

古建筑是中华文明的重要组成部分，是中华民族乃至全世界人民建筑艺术的瑰宝，具有较高的历史、文化、科技和艺术价值。中国的古建筑反映了我国在不同历史时期的风土人情和历史文化，体现着中华民族的智慧结晶。其特有的构造形式，不仅可以为现代建筑的设计与创作提供借鉴，还具有很高的观赏性，是一种重要的旅游资源。同时，古建筑在某种意义上也是我国发展的“历史见证者”，它经历过中国古代的兴盛，也经历了中国近代的衰败，同时也见证着中国现今的成长。

由于文化、技术等多方面原因，我国古建筑是以木结构为主要的结构形式。相比于西方国家以石材为主要建筑材料的建筑，木结构古建筑更容易损坏。一方面，木结构在长时间的使用过程中，由于木材性能会不断退化，以及其他外界因素的影响，会造成木结构发生不同程度的损伤，再加上近年来人为破坏的情况愈发严重，使得古建筑的情况每况愈下。另一方面，随着中国城市化的不断推进，城市交通的发展突飞猛进，特别是公路以及地铁交通的发展，在给人们带来便利的同时，引发的交通振动也会加速古建筑的损伤。而交通振动是长期存在的，它会在很大程度上诱发古建筑的疲劳损伤。所以，研究交通振动对古建筑的影响已经成为一个亟待解决的问题。

西安地铁六号线正在施工当中，其线路规划中经过西大街地下，距离西安鼓楼较近，再加上西安鼓楼位于西安市中心，每天都有大量车辆通过，交通振动对其影响较大，但还尚未有学者对西安鼓楼进行交通振动测试及评估。因此，本书以西安鼓楼为研究对象，综合运用现场振动测试、理论分析以及有限元数值模拟的方法，深入研究西安鼓楼的动力特性、地面交通振动响应以及地铁交通振动响应，并依据国家相关规范对其进行振动评估，为西安鼓楼延寿保护提供理论依据。

1.5 交通振动对建筑物的影响

交通工具是当今社会人们生活中必不可少的一部分。随着时代的变化和科学技术的进步，人们身边的交通工具越来越复杂，已经形成了空中交通、地面交通和地下交通的三维立体式交通网络。并且随着城市土地资源的稀缺，交通网络已经深入到了建筑物较密集的居民区和商业区。

比如我国广州、上海、重庆以及美国纽约这样的大城市，这些城市的市内交通四通八达，交通网络距离建筑物也越来越近（图 1-9），有的城市立体交通甚至已经达到了数层之高（图 1-10），有的甚至直接穿过建筑物（图 1-11、图 1-12）[1]。

伴随着交通的发展，它在给人们带来便利的同时，也给人们的生活不可避免

图 1-9　广州高架桥紧邻建筑物

图 1-10　上海高架桥

地带来了一些问题。据统计，除了建筑施工和大型工厂所引发的振动外，由交通荷载所引起的环境振动是对人们生活影响最大的。近年来，交通振动对建筑物的影响越来越受到人们的关注，而国际上也把由交通荷载所引起的振动公害列为世界七大环境公害之一[2]。

交通振源诱发的振动是通过其所在场地的土层向四周传播，从而造成附近建筑物的振动。交通振动与地震相比较，最显著的特点在于它的长期性。它所诱发的微幅振动虽然不会造成建筑物的直接破坏，但它可以加速建筑物的老化。特别

图 1-11　重庆轻轨穿过建筑物

图 1-12　重庆地铁 2 号线李子坝站

是对古建筑中的木结构来说，一方面由于古建筑存在时间较长，自建造以来就经受着风霜雨露，水火雷电等自然灾害的无情侵袭；另一方面，木材性能随着时间流逝会出现严重退化，这就使得古建筑中的木结构本身就会存在不同程度的损伤情况，再加上交通振源的长期性和反复性，木结构在这种长期微幅振动作用下会造成很大的残余应变，而在经过一定时间后，这些残余应变可能会诱发建筑物局部出现永久性的损伤，使得古建筑的结构性能降低，从而威胁古建筑的结构安全[3,4]。

振动对古建筑的危害主要有以下3种形式[5-7]：

（1）直接造成古建筑损伤。即古建筑在振动荷载作用前处于完好状态，然后由于受到强烈振动导致古建筑出现损伤。

（2）间接造成古建筑损伤。即振动本身对古建筑没有影响，但由于振动引起建筑物周边环境发生改变，从而间接导致古建筑受损。这种情况一般是由于振动导致古建筑地基受力，导致边坡塌陷造成的。

（3）加速古建筑的损伤。即古建筑在建造时本身就存在某些缺陷，而振动会放大这些缺陷，导致古建筑受到破坏。例如古建筑在建造时，由于技术等多方面原因，地基处理不到位，而在使用过程中也因不均匀沉降、环境变化等原因受到损伤，而振动引起的荷载会加速这些损伤的发展。

据相关资料显示，在交通较为复杂的路段，一些古建筑在长期交通振动的作用下，会发生损坏。国内很多专家都认为洛阳龙门石窟、敦煌壁画的快速损坏都与交通微幅振动有很大关系。全国重点文物保护单位西安钟楼由于交通振动引起高台基不正常开裂，楼层上展品移位。全国重点文物保护单位聊城山陕会馆，也曾因为大型车辆通过时的振动作用导致山陕会馆大门墙体严重开裂。国外也曾发生过因车辆振动而导致砖石古教堂裂缝不断扩展以致倒塌的恶性事故。

1.6 国内外研究现状

国内外对于古建筑木结构的保护和传承领域越来越重视，而交通振动引起的环境问题也已经受到了国内外越来越多学者的重视。针对木结构古建筑的研究主要是针对它的力学性能方面；针对交通振动而言，各国研究人员分别从振源、振动传递规律以及振动评估等方面入手，并对此做了大量的研究工作。

1.6.1 木结构古建筑力学性能研究

针对古建筑中的木结构研究主要集中在动力特性、动力响应、榫卯节点、斗栱节点以及破坏模式等方面，针对这些研究内容采用的方法主要包括原位动力特性测试、整体结构足尺或缩尺模型振动台试验、低周反复荷载试验和有限元数值模拟分析等。

关于结构原位动力特性及动力响应的研究，王毅欣[8]通过对应县木塔进行动力分析，得到了应县木塔的前三阶频率和振型。乔冠东[9]通过振动实测和数值模拟的方法相结合，对聊城光岳楼的动力特性以及地面交通响应情况进行了分析，并以此对聊城光岳楼在地面交通激励下的响应进行了评估。秦术杰等[10]通过对故宫内典型古木建筑井亭采用环境激励法进行了现场动力特性实测，获得了结构的前三阶自振频率和振型。曹忠磊[11]采用脉动法，对良乡多宝佛塔进行了动力特性测试，发现良乡多宝佛塔在背景振动下的显著频率范围在 0～4Hz 之间，而在列车振动叠加时的显著频率范围在 8～16Hz 之间。曾建[12]通过对西安钟楼进行现场振动监测，通过随机减量法对监测数据进行处理，得到了西安钟楼的前六阶自振频率和阻尼比，并通过对比发现钟楼 EW 方向的阻尼比大于 SN 方向的阻尼比。孟昭博[13]通过对西安钟楼地面交通进行了长时间的振动响应监测，在对采集数据进行预处理后，利用随机振动理论，采用快速变换直接积分法和概率统计方法对监测数据进行处理，得到了结构在地面交通激励下的动力响应情况，并基于国家规范对西安钟楼进行了交通振动评估。

关于榫卯节点和斗栱节点方面的研究，陈志勇[14]通过竖向和水平加载试验，对应县木塔斗栱节点、梁柱节点和柱脚节点的刚度和承载力进行分析，并基于此估算了应县木塔斗栱节点、梁柱节点和柱脚节点的受力性能。薛建阳课题组[15-17]制作了穿斗式木结构栓榫节点模型、不同松动程度下榫卯节点模型以及用角钢加固过后的榫卯节点模型，通过对这些模型进行低周反复加载试验，不仅得到了榫卯节点的破坏形态、弯矩-转角滞回曲线、荷载-位移滞回曲线等抗震性能指标，还发现了半榫节点发生拔榫破坏时，滞回曲线会有明显的捏拢效应。周乾[18]基于故宫太和殿其中一梁柱尺寸，制作了缩尺比例为 1∶8 的 4 梁 4 柱模型，并以燕尾榫作为榫卯节点的形式，通过对模型进行低周反复加载试验，获得了榫卯节点的 M-θ 滞回曲线，并归纳了燕尾榫节点恢复力拟合曲线的计算公式。Kyuke 等[19]通过对足尺斗栱模型进行振动台试验，发现了斗栱刚度与静力加载时基本吻合。Seo 等[20]通过对韩国传统榫卯连接木结构进行低周反复加载试验，不仅得到了框架的非线性滞回特性，试验结果还表明榫卯节点的破坏形式为剪切破坏或弯曲破坏。Nakagawa 和 Ohta 等人[21,22]开发出一个分析程序，该程序可以采用扩展的离散元法（EDEM）模拟动态荷载作用下的木框架结构的倒塌过程，他们通过该程序模拟了一个双层木结构模型在动态荷载下的倒塌过程，模拟结果与相似条件下的试验结果基本

吻合。

有关有限元数值模拟方面的研究，薛建阳等[23] 采用 ABAQUS 非线性有限元软件对通榫节点进行数值模拟分析，数值模拟结果表明通榫节点弯矩-转角滞回曲线捏缩效应明显，且随枋截面高度的增加而愈加明显。俞茂宏和赵均海[24,25] 通过对我国古建筑木结构的结构特性的理论研究，得出了较合理的力学分析模型，并提出可以采用变刚度的虚拟单元去模拟木结构中的榫卯节点的半刚性连接，并依据这种虚拟单元的半刚性连接建立了西安东门城楼的有限元模型，通过对模型动力参数进行模态识别分析，得出了该结构在不同刚度下的自振频率和振型。文健等[26] 采用多点约束的方法将榫卯节点和梁柱构件区分为关键区域和非关键区域，并通过采用多尺度建模分析方法对河南塔楼进行了抗震分析，分析结果表明采用多尺度的有限元数值分析可以较准确的模拟木结构的整体动力响应情况，并且通过这样的分级建模可以有效地提升抗震分析的效率。周乾[27] 将榫卯节点以及斗栱分别简化为 6 个自由度的 2 节点弹簧和 2 节点三向减震弹簧，并以此建立了故宫英华殿三维有限元模型，通过对结构进行动力特性分析，得到了英华殿的前十阶自振周期及前二阶振型，同时通过对结构输入地震波，对比分析了榫卯节点、斗栱及侧脚等构造对地震响应的影响。吴严辉[28] 采用 ANSYS 有限元软件，建立了光岳楼-高台基-环道结构的三维有限元模型，通过隐式动力学的分析方法得到光岳楼在交通激励下柱顶水平振动响应的时程数据，同时提出了木结构柱顶水平振动速度换算方法。马辉和丁磊[29,30] 分别采用 ANSYS 及 SAP2000 建立了西安鼓楼三维有限元模型，并依据有限元模型对西安鼓楼进行了动力特性以及地震响应分析。

1.6.2　交通振动产生机理和其传播规律的研究

（1）地面交通振动产生机理及其传播规律

随着人们生活水平的提高以及交通网络的快速发展，城市内越来越多车辆所带来的交通荷载也不断加强，这一方面使得车辆振源的强度越来越大，另一方面会使得路面的磨损愈发严重。地面交通振动的主要诱因是车辆轮胎与不平整路面之间的相互作用，路面不平整的程度也一定程度上决定了振动的强度。路面不平整可以分为特定不平整与随机不平整，不同情况路面与车辆相互作用所造成的振动强度也不尽相同。研究表明，车辆在经过如减速带、路面伸缩缝等特定路面时所产生的动荷载比静荷载大 60％左右；而车辆在经过随机不平整路面所产生的动荷载比静荷载大 15％左右[31-33]。

车辆振源的传播特点是[34]：

1）车辆振动引起地面竖直向响应大于水平向响应，但是竖直向振动相比于水平向振动衰减较快。因此在计算（测试）时应分别计算（测试）水平向和竖直向振动响应。

2）车辆振动在柔性路面（沥青路面）传播过程中的衰减速度大于在刚性路面（混凝土路面）上的衰减速度。柔性地面在车辆荷载反复作用下会产生一定的形变，从而达到消耗能量的作用。

3）车辆振动引起的最大振幅集中在低频范围。

4）车辆产生的振动响应情况和车速呈正相关关系。

（2）地铁交通振动产生机理及其传播规律

地铁列车振动荷载是由行驶的地铁列车系统与轨道系统相互作用所产生的随机振动荷载，其产生的原因对于列车来说，是车轮擦伤、车轮踏面几何不平顺和车轮偏心等原因引起；而对于轨道来说主要包括 3 个方面：轨道的几何不平顺以及轨面波浪或波纹磨耗、钢轨接头状态不良、轨道下基础缺陷[35]。

地铁列车引起的振动，主要以横波、纵波和表面波 3 种形式传播，其在近场主要为体波（纵波和横波），远场主要为 R 波（表面波）。其传播途径先经过轨道传递到道床上面，再经过地铁涵洞传递至周围土层，最终传递至地面并作用与建筑物上（图 1-13）。

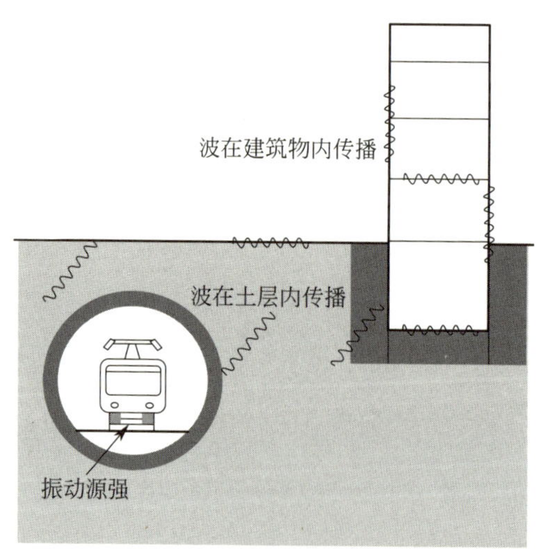

图 1-13　列车引起振动的传播

地铁列车引起振动的传播和衰减，一方面与列车载重、车轮形状、轨道等有关，另一方面与传递场中土的力学性能有关。列车振动的传播规律有以下特点[36]：

1）列车在行驶过程中，会在轨道处产生较大的振动，但经过道床传递至周围土层后会发生大幅度的衰减。在土层中传播时，振动在某些特定情况下会发生局部加强的情况。

2）列车造成的振动在传播过程中随着距离的增加会出现大幅度的衰减，其在地面传播过程时，地面水平向振动比垂直向振动略小。研究表明当地铁振动传递至建筑物时，水平振动比竖向振动小 10dB 左右。

3）地铁列车运行时产生荷载的频谱与列车行驶速度呈现正相关的关系。研究表明，当列车荷载的频谱低于 20Hz 时，其在传递过程中的衰减明显比高频慢，这是由于低频振动阻尼较小的原因造成的。

4）列车振源在近场（纵波和横波）的衰减比在远场（表面波）的衰减快。

5）列车振动在土层中传播时，可能会与某些较硬的土层发生共振现象。

日本 Erichi Tanigueni 等的研究发现[37] 列车振动引起地下 4m 处的加速度响应是地表的 10%～30%，而位于 2m 处的加速度响应是地表的 20%～50%，这就说明了地铁列车诱发的振动主要以表面波的形式传递。

1.6.3 振动控制标准的研究

现如今，振动引发的环境问题已经越来越受到人们的关注，但是像交通振动、施工振动等又是我们日常生活中无法避免的。因此，怎么去合理地评定振动造成的环境问题是非常关键的。针对振动对建筑物的影响，国内外制定的容许振动标准主要是根据振动是否会造成建筑物的损害或者是否会影响建筑物的安全性和使用性来判断的。但是古建筑作为人类共同的“文明见证者”，我们不仅要保证它的安全性，还需要保证它的完整性。因此，对于古建筑我们需要制定不同于现代建筑的控制标准。我国《古建筑防工业振动技术规范》GB/T 50452—2008[38] 正是基于这样的考虑，提出了将疲劳极限作为古建筑振动控制标准的依据，将疲劳极限临界点的动应变作为控制古建筑的振动控制标准。

国内外的振动控制指标大多是针对现代建筑而制定的，并且主要依据结构的安全性来进行评估的。但古建筑与现代结构形式完全不同，并且具有很高的历史文化意义，因此在评估振动对其影响时，不仅用从安全性出发，还要考虑古建筑的完整性。因此，我国《古建筑防工业振动技术规范》GB/T 50452—2008[38] 针对古建筑的价值与特点，提出了应以疲劳极限作为古建筑结构容许振动指标的依据，并以振动速度来表示（表 1-1）。根据古建筑材料的不同，将古建筑划分为木结构和砖石结构。针对木结构顺木纹 V_P 的大小不同，又区分为三类。

古建筑木结构的容许振动速度［v］(mm/s) **表 1-1**

保护级别	控制点位置	控制点方向	顺木纹 V_P(m/s)		
			<4600	4600～5600	>5600
全国重点文物保护单位	顶层柱顶	水平	0.18	0.18～0.22	0.22
省级文物保护单位	顶层柱顶	水平	0.25	0.25～0.30	0.30
市、县级文物保护单位	顶层柱顶	水平	0.29	0.29～0.35	0.35

注：当 V_P 介于 4600～5600m/s 之间时，采用插入法计算容许振动速度。

我国《建筑工程容许振动标准》GB 50868—2013[39] 从振动频率和受振位置出发，给出了在交通振动下不同使用功能的建筑物在交通振动下的容许振动值，如表 1-2 所示。

交通振动对建筑结构在时域范围内的容许振动值 **表 1-2**

建筑物类型	顶层楼面处容许振动速度峰值(mm/s)	基础处容许振动峰值(mm/s)		
	1～100Hz	1～10Hz	50Hz	100Hz
工业建筑、公共建筑	10.0	5.0	10.0	12.5
居住建筑	5.0	2.0	5.0	7.0
对振动敏感、具有保护价值、不能划分为上述两类建筑	2.5	1.0	2.5	3.0

ISO 从建筑物结构破坏的角度出发，认为应该以建筑物的临界破坏来作为振动控制的依据，并以振动速度来作为评估标准。通过大量测试，认为应以 10mm/s 和 2.5mm/s 作为建筑物结构破坏的上下限[40]。

德国《建筑物安全振动控制标准》DIN4150—3—1999[41] 从建筑物的安全性和使用性出发，认为当振动使得建筑物出现失稳、承载力降低、墙面抹灰层开裂、建筑物墙面抹灰层出现裂缝、建筑物原有裂缝继续发展、建筑物各墙体连接出现破坏等情况时，应该对振动加以控制。它根据振动对建筑物的作用时间不同，给出了不同建筑物在不同振动频率下的容许振动速度峰值（表 1-3）。

DIN4150—3—1999 规定振动对建筑的速度容许值　　　　表 1-3

<table>
<tr><th rowspan="3">建筑物类别</th><th colspan="3">短期振动</th><th>短期振动</th><th>长期振动</th></tr>
<tr><th colspan="3">基础处振动速度限值(mm/s)</th><th colspan="2" rowspan="2">顶层楼板处水平振动(mm/s)</th></tr>
<tr><th>1～10Hz</th><th>10～50Hz</th><th>50～100Hz</th></tr>
<tr><td>商业或工业建筑及相似建筑物</td><td>20</td><td>20～40</td><td>40～50</td><td>40</td><td>10</td></tr>
<tr><td>住宅及相似建筑物</td><td>5</td><td>5～15</td><td>15～20</td><td>15</td><td>5</td></tr>
<tr><td>对振动敏感、具有保护价值、不能划分为上述两类建筑</td><td>3</td><td>3～8</td><td>8～10</td><td>8</td><td>2.5</td></tr>
</table>

英国 1993 年发布的 BS7385 则认为振动传递至建筑物时，首先受到振动的是建筑物的基础，因此应以基础处的振动作为控制指标，并提出了基于频率的振动速度限值；另外一位英国学者 Ashley[42] 则对爆炸振动进行了大量研究，给出了爆炸振动下的各类建筑物的容许振动速度（表 1-4）。

Ashley 给出的振动对建筑的速度容许值　　　　表 1-4

建筑物类别	爆炸振动质点振动速度峰值(mm/s)
古建筑、历史性建筑	7.5
建造质量较差的建筑	12.0
建造质量好的住宅和工商业建筑	25.0
坚固的下水道和市政工程设施	50.0

第2章 地面交通激励下西安鼓楼动力响应测试

有关西安鼓楼（各立面照片见图2-1）动力性能方面的资料较少，也尚未有学者对西安鼓楼地面交通振动响应进行分析。因此，为了解西安鼓楼在地面交通

(a) 西安鼓楼东立面

(b) 西安鼓楼南立面

(c) 西安鼓楼西立面

(d) 西安鼓楼北立面

图2-1 西安鼓楼各立面照片

激励下的响应情况，本章对西安鼓楼进行地面交通振动响应测试，并依据国家相关规范对其在目前地面交通激励下的响应情况进行评估，为后续西安鼓楼的保护提供数据支撑。

2.1　测试背景

西安鼓楼在长期的使用过程中，由于木材本身具有易干裂和糟朽、虫蛀等特性，再加上长年累月的风吹雨打日晒、地震、战火、周边施工、地面交通以及人行的影响，使得西安鼓楼的承重结构出现了不同程度的变形，西安鼓楼的稳定性每况愈下。近年通过巡查发现鼓楼西侧外回廊有变形，存在梁枋脱榫、斗栱开裂以及高台基开裂等现象（图 2-2～图 2-5）。西安鼓楼位于西安市中心，并紧邻西安交通要道西大街，西大街为西安市交通的主干道，每天都有大量车辆通过，车辆造成的交通振动会传递到西安鼓楼上，西安鼓楼在这种长期反复交通振动作用下可能会引发疲劳效应，从而造成西安鼓楼的损伤。

图 2-2　斗栱歪闪

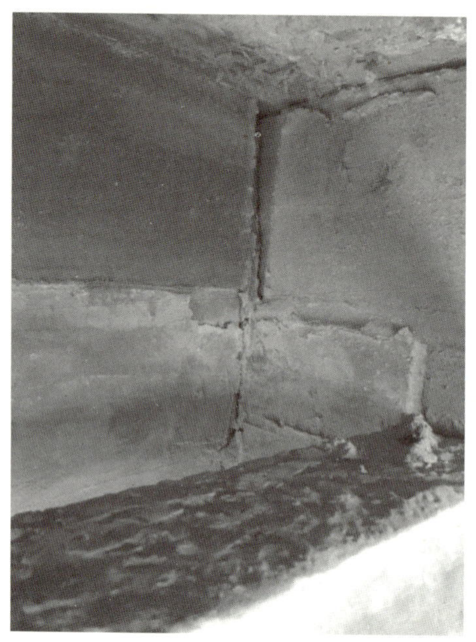

图 2-3　斗栱开裂

图 2-4　高台基券洞内竖向裂缝

图 2-5　高台基西立面墙体开裂

2.2　结构现场测试

在分析建筑物在振动作用下的动力响应时，现场振动实测是最能反映建筑物真实情况的方法。本次西安鼓楼振动测试是基于西安鼓楼周边环境对西安鼓楼作无规律的三维波激励，通过对振动信号的分析来确定西安鼓楼地面交通激励下的动力响应情况，并依据分析结果评估其在现地面交通激励下的安全情况。

2.2.1　西安鼓楼木构件弹性波速测试

弹性波速不仅可以反映古建筑构件的损伤情况，同时也是确定古建筑容许振动标准的依据。本书依据《古建筑防工业振动技术规范》GB/T 50452—2008[38]中的规定，采用 ZBL-U510 型非金属超声波无损检测仪，对具备检测条件的木柱、梁枋，测试位置分布选取在靠近柱底、梁枋两端和跨中的位置进行检测。最终选取梁和柱共 15 个，一共测试 60 个点位，测试结果如图 2-6 所示。

由图 2-6 可知，西安鼓楼木构件各测点顺纹弹性波速介于 4600m/s 与 5600m/s 之间。则依据表 1-1 可知，西安鼓楼容许振动速度为 0.18～0.22mm/s。

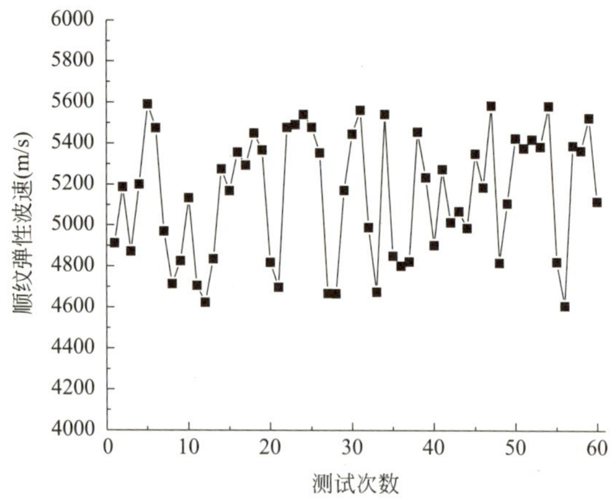

图 2-6　西安鼓楼木结构构件典型时域信号

2.2.2　振动测试系统

振动测试系统一般包括激振设备、传感器、测量线路及放大器、数据分析处理装置四部分。本次测量采用中国地震局工程力学研究所研发出来的 941B 型测振系统、DA1001 动态信号采集系统以及 ZH-DAS 数据处理软件，测试路径如图 2-7 所示。

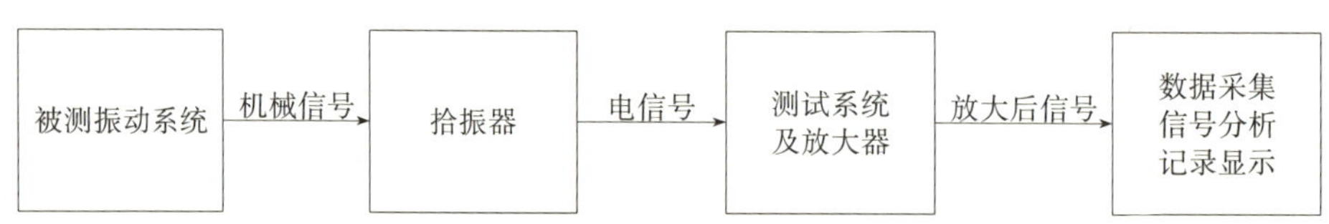

图 2-7　振动测试系统示意图

941B 型测振系统包括：拾振器与信号放大器。

（1）941 型拾振器（图 2-8）：主要用于地面和结构物的脉动测量、一般结构物的工业振动测量以及微弱振动测量等，可以把被测的机械振动量转化为电信号，使得测试设备可以接受，是获得信息的手段。该拾振器具有 4 个档位，其技术指标如表 2-1 所示。

（2）信号放大器：脉动发测试时，拾振器的输入信号较小，需要经过信号放大器放大后才可以进行数据分析。

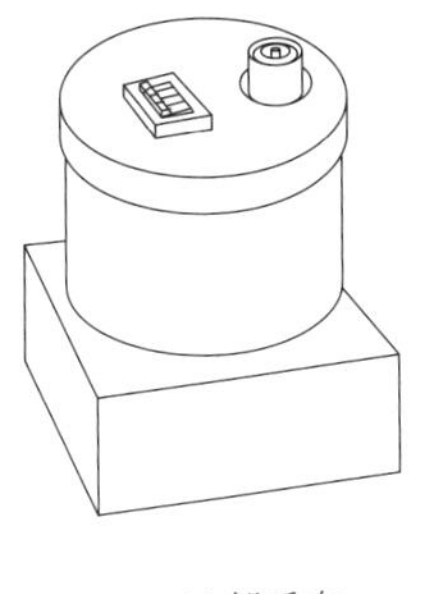

(a) 铅垂向

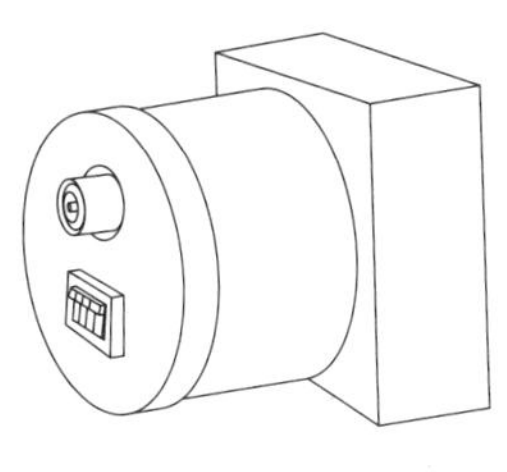

(b) 水平向

图 2-8　拾振器测量方向示意图

941 型拾振器主要技术指标　　**表 2-1**

技术指标		档位			
		1(加速度)	2(小速度)	3(中速度)	4(大速度)
灵敏度($\frac{V\cdot s^2}{m}$或 V·s/m)		0.3	23	2.4	0.8
最大量程	加速度(m/s^2)	20			
	速　度(m/s)		0.125	0.3	0.6
	位　移(mm)		20	200	500
通频带(Hz，$^{+1}_{-3}$dB)		0.25～80	1～100	0.25～100	0.17～100
尺寸，重量		63mm×63mm×80mm，1kg			

2.2.3　数据采集仪及分析软件

（1）DA1001 动态信号采集系统（图 2-9）：是一套可以多通道实时采集系统，并可以结合 ZH-DAS 软件进行信号分析处理。适用于进行地脉动、结构固有频率、结构振型、结构阻尼、实验场地振动、桥梁挠度、桥梁振动等各种物理信号采集，采用 24 位 AD 转化器，并结合 ARM、CPLD 技术，可实现多通道并行、实时采集。DA1001 动态信号采集系统具有高精度、失真小以及匹配性能较好等优点，并可以与 ZH-DAS 数据处理软件配套使用。

（2）ZH-DAS 数据处理软件（图 2-10）：是一套可以多通道信号采集和实时分析的软件，与 DA1001 数据采集仪配套使用，可以对采集到的数据进行时域分析（包括数字滤波、波形截取、数字微分/积分、求最大峰值）、频率分析（FFT 分析、自功率谱分析、互功率分析、自相关、互相关分析、相干函数分析），可以

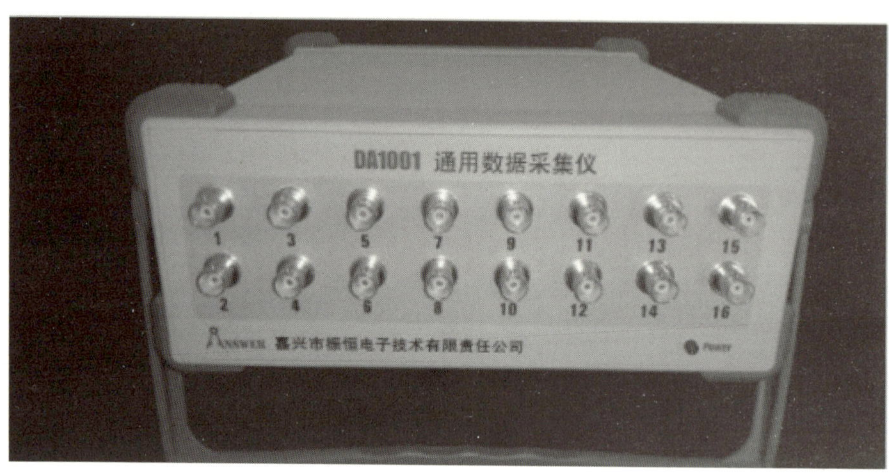

图 2-9　DA1001 数据采集仪

进行多通道逐步分析和多通道同时分析等功能。

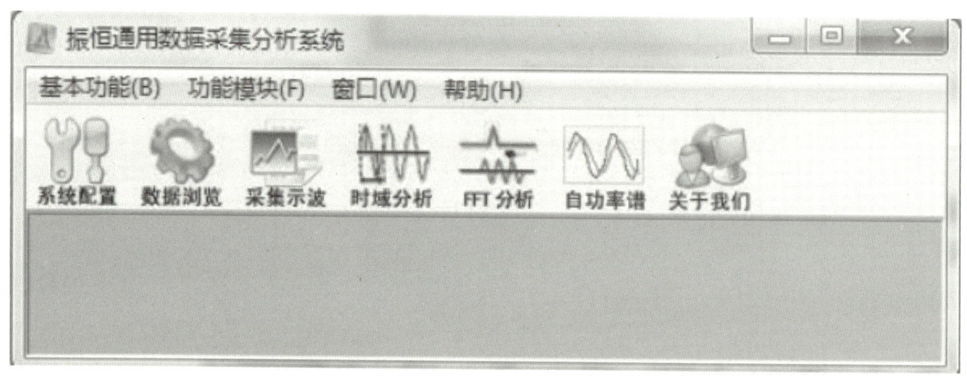

图 2-10　ZH-DAS 采集及分析系统

2.2.4　测点布置

（1）为了更好地了解地面交通振动下西安鼓楼动力响应情况，对西大街地面交通振动传播规律进行测试。测试时，分别沿西大街至西安鼓楼放置拾振器用以拾取地面交通振动传递信号。其中，测点 1 距离公交车道 10m，测点 2 与测点 1 距离 20m，测点 3 与测点 2 距离 38m 位于高台基券洞底部，测点 4 位于测点 3 相同位置的高台基顶部，测点 5 位于一层柱 5/C 柱底。测点 1～3 分别放置水平向（南北向）和竖直向速度拾振器，测点 4、5 分别放置两个水平方向的速度拾振器和竖直向速度拾振器，具体点位布置如图 2-11 所示。

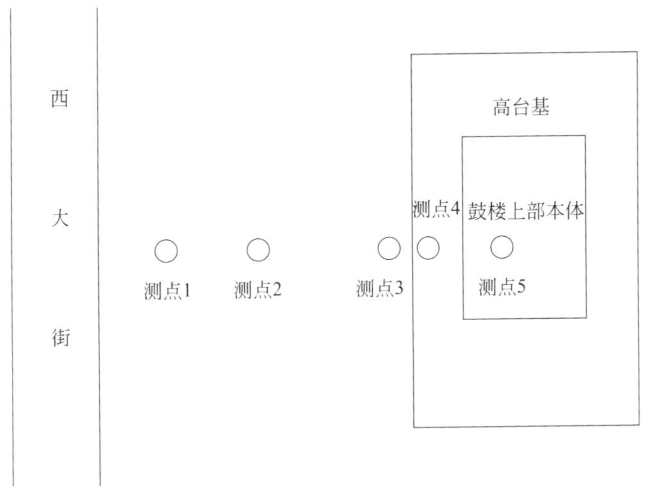

图 2-11　测试点位示意图

（2）根据国家规范的要求，古建筑木结构在进行动力响应测试时，当结构对称时，测量点位可按任一主轴水平方向布置；当结构不对称时，测量点位应沿各个主轴水平方向布置，并且测试时测点宜布置在中跨的各层柱顶和柱底。西安鼓楼结构属于非对称结构，应该按照各个主轴水平方向分别测试。西安鼓楼木结构振动测试的测点布置在柱 5/C 的二层柱底（测点 6）、柱 6/D 的二层柱底（测点 7）、柱 5/C 的二层柱顶（测点 8）和柱 6/D 的二层柱顶（测点 9）。每个测点分别布置两个方向的水平向速度拾振器。柱 5/C、6/D 位置如图 2-12 所示。

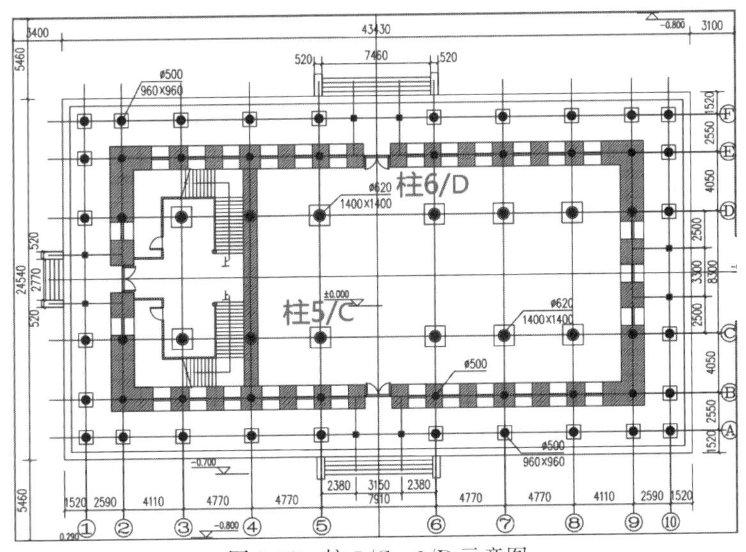

图 2-12　柱 5/C、6/D 示意图

测试时，拾振器安装前先清理测试点积灰及粉尘，以耦合剂（橡皮泥）找平后，将拾振器固定于耦合剂上，保证拾振器与结构之间有效粘结。现场测试仪器及采集照片如图 2-13 所示。

(a) (b) (c) (d)

图 2-13 现场仪器安装及数据采集情况

2.2.5 采样设置

在进行现场振动测试时，为了防止外界因素导致采样失真，因此采样需要符合采样原理。即采样频率应大于或等于被采集信号最高频率的两倍。即：

$$f_{s\cdot max} \geqslant 2f_{max} \tag{2-1}$$

式中，$f_{s\cdot max}$ 为采样频率；f_{max} 为需要采集信号中的最高频率。

大量实测结果表明，地面交通引起建筑物振动主要是 30Hz 以下的低频振动，为确保采样信号的真实性，本次测试采样频率设置为 100Hz；941 型拾振器采用 4 档（大速度档），放大器外放倍数为 100，放大器的通频带为 0.25～200Hz。

2.3　测试结果预处理

在振动测试中，因为外界因素或人为的影响，难免会使得采集的振动信号混淆着许多干扰成分。如果直接用这些信号去分析的话，会导致结果出现偏差。因此，在对测试数据开始分析前需要对数据进行预处理。本书采用 ZH-DAS 对采集数据进行去直流、数字滤波和消除趋势项 3 个步骤。具体情况为：

（1）去直流：机械信号在经过拾振器拾取转换为电信号，在经过电线传播至放大器，最后到达采集设备，在这个过程中难免会产生一定的直流分量。而直流分量会产生不必要的电磁场，干扰数据的采集及处理。去直流的原理是将振动信号的期望作为对直流分量的估计，然后在振动信号中去除这一部分。

首先求出振动信号的平均值：

$$\bar{x}=\frac{1}{N}\sum_{i=0}^{N-1}x_i \tag{2-2}$$

在原始振动信号中减去这一部分：

$$x'=x_i-\bar{x} \tag{2-3}$$

式中，x_i 为采集的振动信号；$\bar{x}$ 采集振动信号的期望；x'为去直流后的振动信号。

（2）数字滤波：在采集数据时，由于现场设备以及手机等电磁信号的影响，会导致采集数据中出现一些高频的成分，而这些成分会对数据分析造成干扰。而数字滤波就是根据滤波需求，将某需要消除的频率部分设置为 0。本次滤波采用的是低通滤波，低通滤波是指给定一个临界值，高于临界值的信号会被阻拦，低于临界值的信号可以通过。其表达式为：

$$H(f)=\begin{cases}1 & (f\leqslant f_{\mathrm{u}})\\ 0 & (f>f_{\mathrm{u}})\end{cases} \tag{2-4}$$

其中，$H(f)$为采集信号的频响函数；f 表示采集信号的频率；f_{u} 的频率表示设置的临界频率。

（3）消除趋势项：在数据采集过程中，由于设备受温度等外界因素的影响，信号会发生零点漂移，甚至零点漂移还会随着时间变化而变化。这个振动信号偏离的过程就是趋势项。消除趋势项是以最小二乘法为原理的。图 2-14、图 2-15

为一组信号消除趋势项的前后对比。

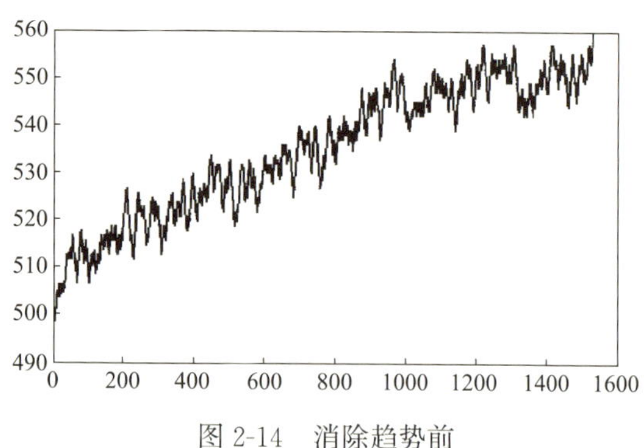

图 2-14　消除趋势前

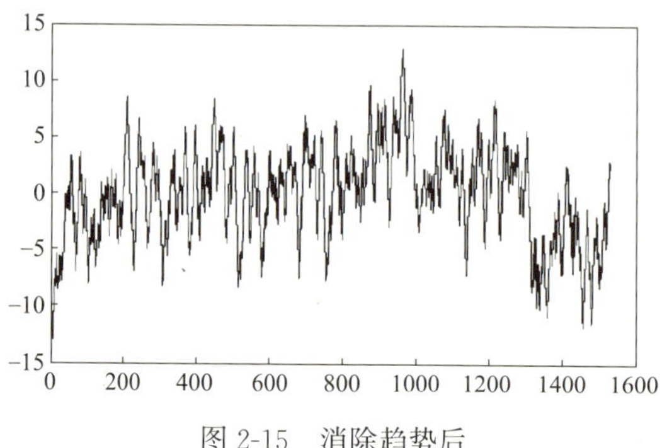

图 2-15　消除趋势后

2.4　测试数据分析

由于本次测量时间较长，为更好地分析测试数据，本书以 40s 为一个样本，将测试数据进行均分，从中选取幅值进行分析。图 2-16 为测点 1～测点 5 水平向（南北向）和竖向部分时域曲线。测点 1～5 各速度幅值如图 2-17 所示。

从图 2-17 中以看出，地面交通引起的竖向速度幅值比水平速度幅值略大，但是竖向速度幅值衰减较快，测点 1～测点 3 各幅值出现大幅度衰减是因为振动在传播过程中能量的消耗与土体的阻尼造成的；测点 3 到测点 4 水平速度幅值出现剧增，说明高台基对水平速度幅值有着明显的放大作用，竖向速度幅值出现略微的增大，说明高台基对竖向速度幅值的放大作用相对较小；从测点 4 到测点 5 水平速度幅值和竖向速度幅值都有减小的趋势，也就是说在高台基顶部平面，水平速度幅值和竖向速度幅值随着距离的增大而减小。

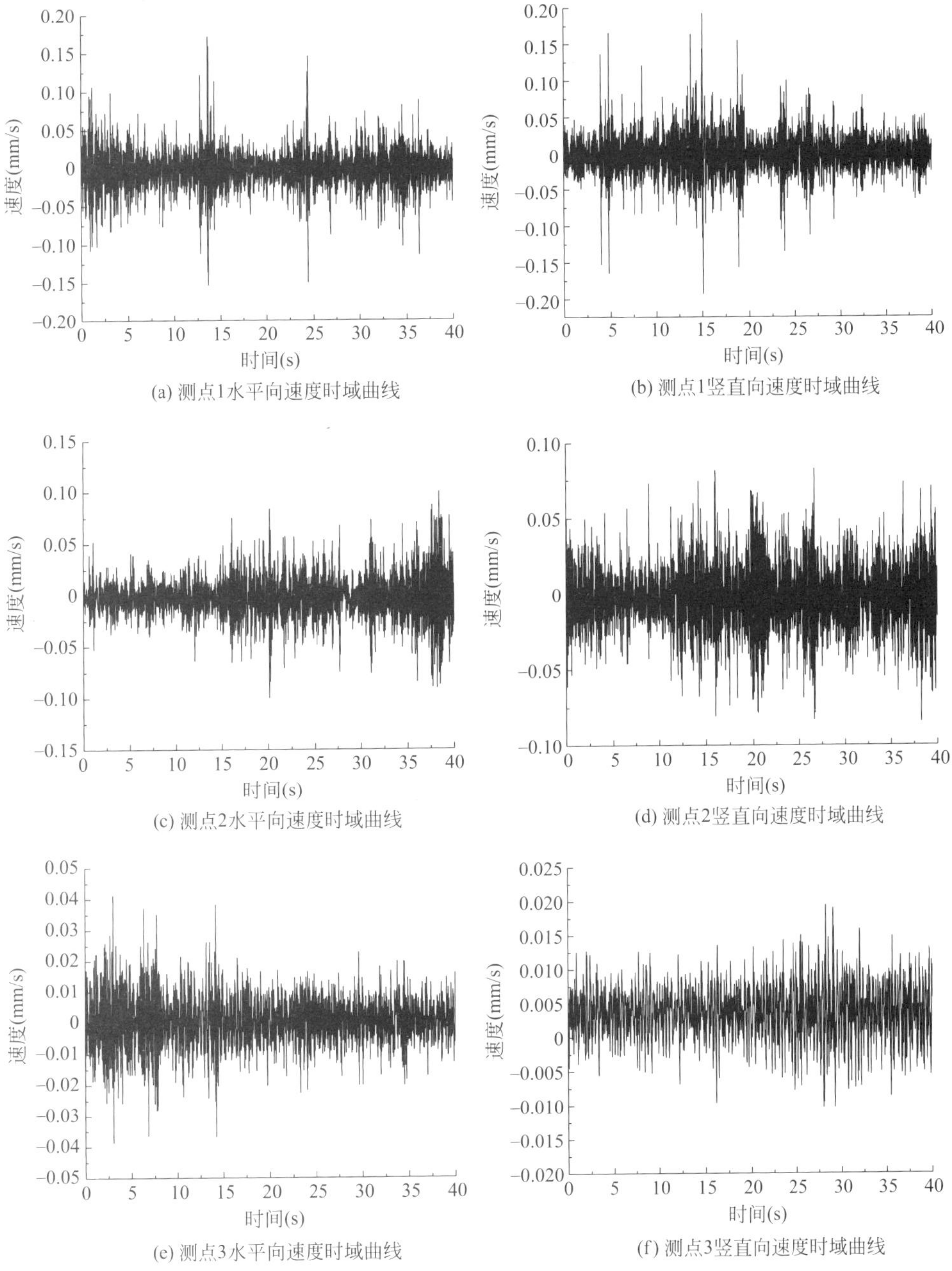

(a) 测点1水平向速度时域曲线

(b) 测点1竖直向速度时域曲线

(c) 测点2水平向速度时域曲线

(d) 测点2竖直向速度时域曲线

(e) 测点3水平向速度时域曲线

(f) 测点3竖直向速度时域曲线

图 2-16　测点 1～测点 5 水平向（南北向）和竖向部分时域曲线（一）

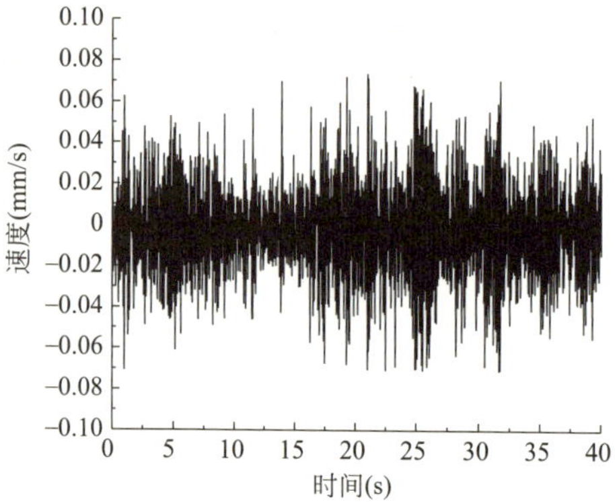

(g) 测点4水平向速度时域曲线

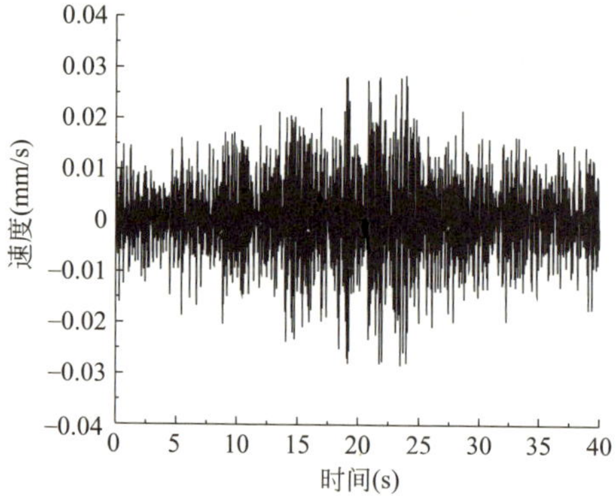

(h) 测点4竖直向速度时域曲线

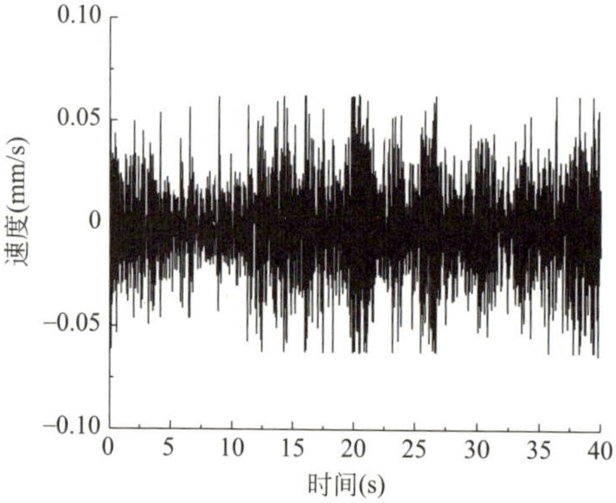

(i) 测点5水平向速度时域曲线

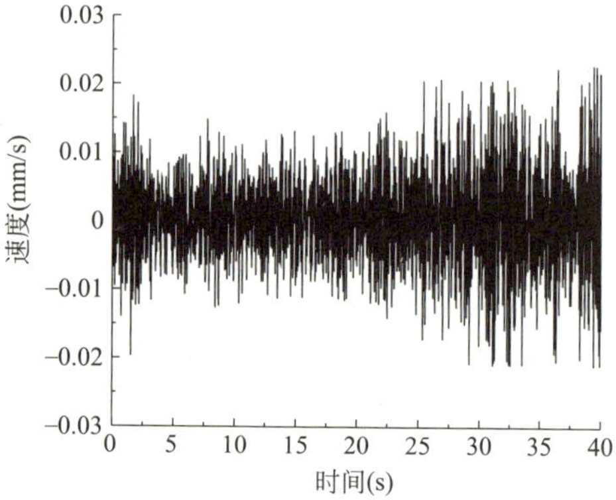

(j) 测点5竖直向速度时域曲线

图 2-16 测点 1～测点 5 水平向（南北向）和竖向部分时域曲线（二）

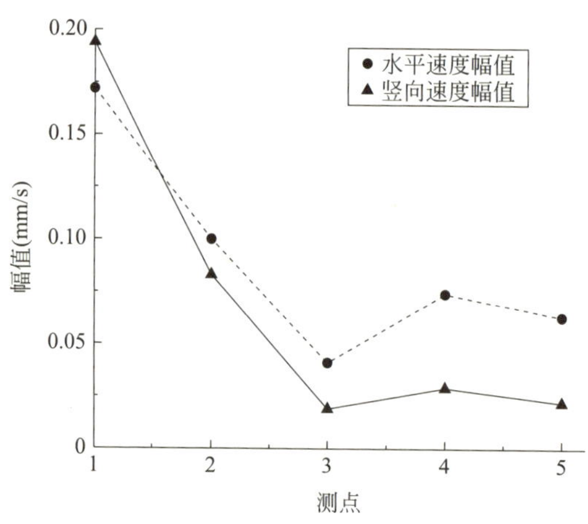

图 2-17 测点 1～测点 5 速度幅值曲线

为后续对西安鼓楼进行地面交通振动评估，提取测点 6～测点 9 的部分时域曲线如图 2-18 所示。

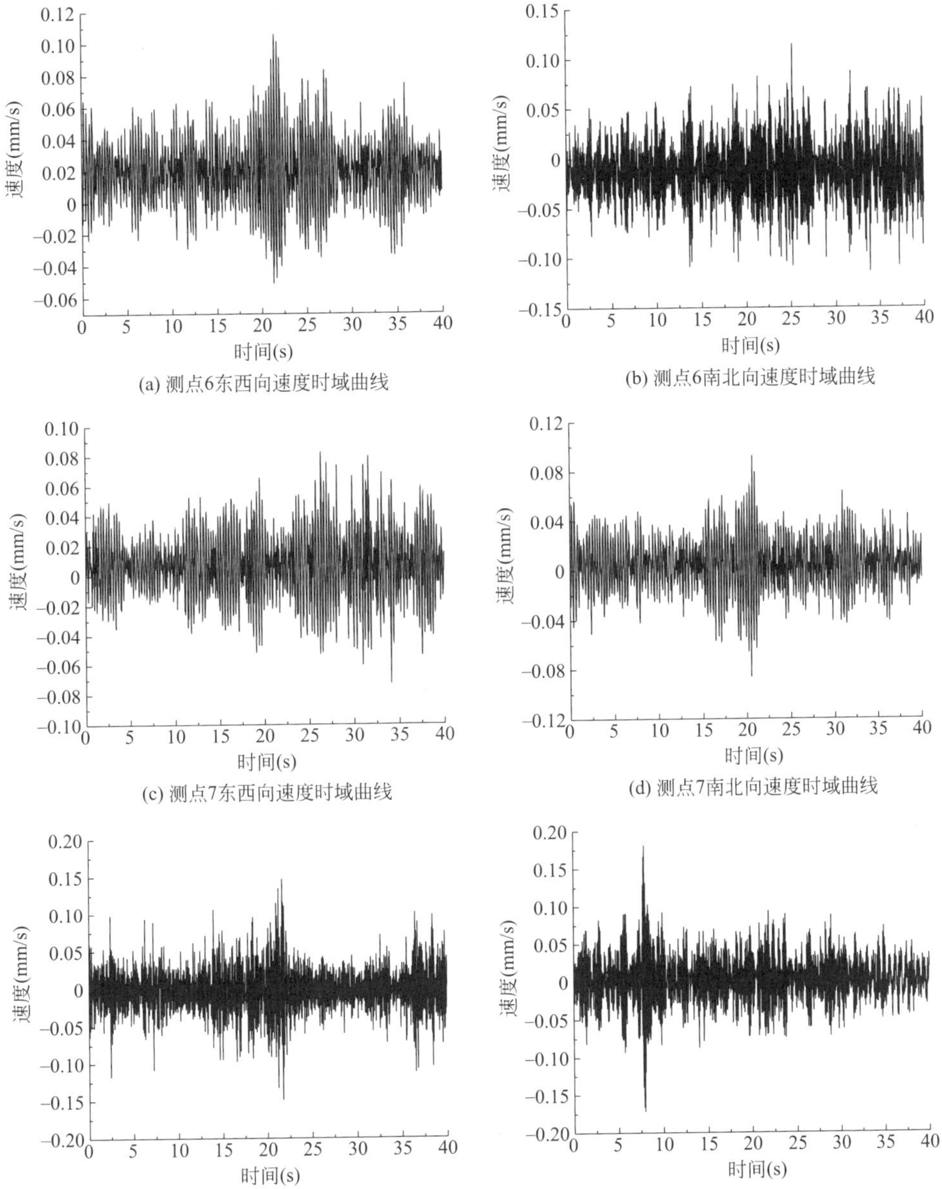

(a) 测点6东西向速度时域曲线

(b) 测点6南北向速度时域曲线

(c) 测点7东西向速度时域曲线

(d) 测点7南北向速度时域曲线

(e) 测点8东西向速度时域曲线

(f) 测点8南北向速度时域曲线

图 2-18 测点 6～测点 9 部分时域曲线（一）

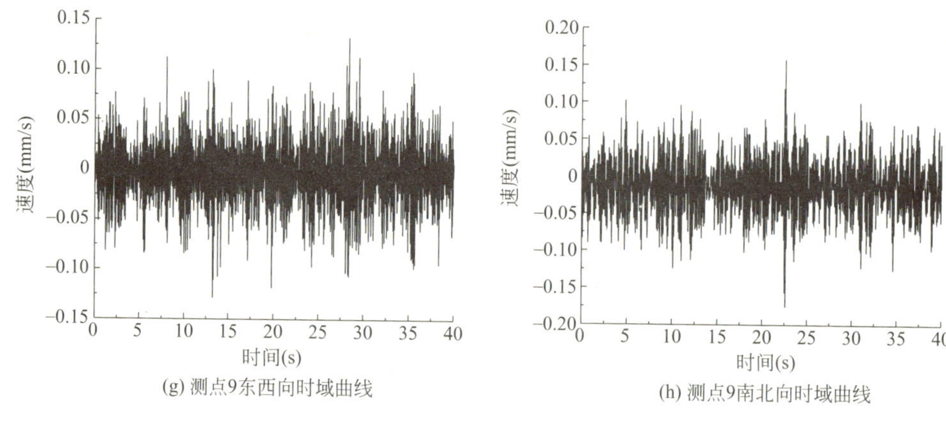

(g) 测点9东西向时域曲线　　(h) 测点9南北向时域曲线

图 2-18　测点 6～测点 9 部分时域曲线（二）

依据《古建筑防工业振动技术规范》GB/T 50452—2008[38] 的要求，应按照顶层柱顶水平向速度响应幅值对西安鼓楼进行振动评估。从图 2-18 可以得到测点 8（5/C 柱顶）及测点 9（6/D 柱顶）各方向水平振动幅值如表 2-2 所示。

顶层柱顶各测点水平振动幅值　　**表 2-2**

测点	东西向(mm/s)	南北向(mm/s)
测点 8(5/C 柱顶)	0.1759	0.1908
测点 9(6/D 柱顶)	0.1330	0.1490

为分析木结构对振动响应的影响，选取 5/C 柱各测点水平速度幅值，如图 2-19 所示。

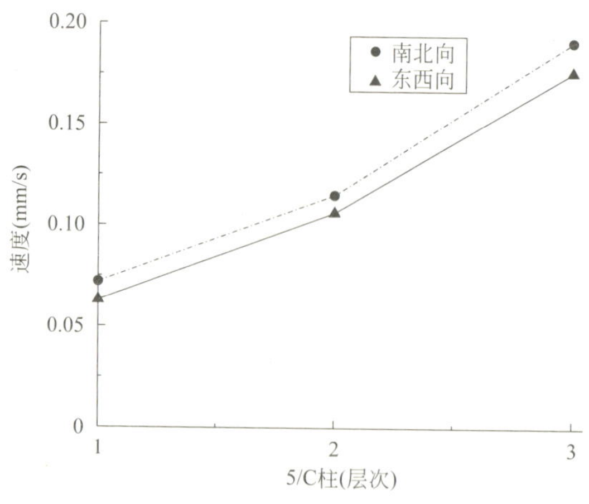

图 2-19　5/C 柱各层测点水平振动幅值

由图 2-19 可知，5/C 柱南北向各层速度幅值分别为 0.072mm/s、0.1148mm/s、0.1908mm/s，5/C 柱东西向各层速度幅值分别为 0.0628mm/s、0.925mm/s、0.1759mm/s。可以看出，水平速度幅值随着层数的增加在逐渐变大，即木结构沿高度方向放大了水平速度幅值；南北向各层水平速度幅值大于东西向水平速度幅值，这是因为西安鼓楼南北向刚度小于东西向造成的。这也说明了南北向为西安鼓楼木结构的薄弱方向。

2.5　西安鼓楼现状振动评估

《古建筑防工业振动技术规范》GB/T 50452—2008[38] 规定在评估振动对古建筑的影响时，应先调查古建筑及其周边振源的情况，在测试弹性波速在古建筑中的传播速度时，来确定古建筑的容许振动标准。

（1）通过现场调查西安鼓楼周边振源情况为：测试状态下，西安鼓楼周边无强夯、采石等施工情况。西安鼓楼东侧为广场，西侧为西安市公安局，南侧为西大街主干道，北侧为回民街。西侧西大街早晚上下班车流量较大，容易发生堵车情况。堵车状态下，车辆速度约为 5～10km/h，不堵车状态下，车辆速度约为 30～40km/h。

（2）依据前文西安鼓楼木构件弹性波速测试可知，西安鼓楼木构件弹性波速介于 4600～5600m/s 之间，其平均值为 5150m/s。根据表 1-1，采用线性插值法可知西安鼓楼顶层柱顶水平向容许振动速度为 0.202mm/s。

通过表 2-2 可知，西安鼓楼顶层柱顶水平振动速度最大值为 0.1908mm/s，小于规范规定的容许振动速度 0.202mm/s，即西安鼓楼在目前地面交通激励下为安全状态。但可以看出两者比较接近，因此需要提高警惕，注意交通振动带来的影响，并采取一定的隔振措施，防止结构振动超标造成西安鼓楼的损伤。

2.6　本章小结

本章通过对地面交通激励下西安鼓楼的动力响应情况进行现场振动测试，然后运用 ZH-DAS 软件对振动测试信号进行了预处理，得到以下结论：

（1）通过对西安鼓楼上部木结构进行弹性波速测试，得到其弹性波速介于 4600m/s 与 5600m/s 之间，并依据国家规范确定了西安鼓楼顶层柱顶水平向容许振动标准为 0.202mm/s。

（2）通过 ZH-DAS 软件对采集数据进行了去直流、数字滤波以及消除趋势项的预处理，消除了信号中的干扰成分，为后续对测试数据进行分析提供保障。

（3）地面交通振动测试数据表明：地面交通引起的竖向速度幅值相对水平速度幅值较大，且竖向速度在传播过程中衰减较快；高台基对于水平向速度幅值具有明显的放大作用，对于竖向速度幅值放大作用相对较小，且在高台基顶面水平速度幅值和竖向速度幅值随着距离的增大而减小；上部木结构对于水平速度幅值有着明显的放大作用。

（4）依据现场测试数据可知，西安鼓楼在地面交通激励下顶层柱顶振动速度未超过规范限值要求，即认为西安鼓楼在目前地面交通激励作用下处于安全状态。

第3章
地面交通激励下西安鼓楼动力响应分析

地面交通振动产生的原因主要是车辆与路面之间的相互作用产生的，它与路面的不平整度、行车荷载、车的减振性能等因素有关。由于这些因素都具有不确定性，则决定了地面交通振动属于随机振动。随机振动是指无法用确切的表达式来描述，但又符合一定的统计学规律，可以用概率论的方法来描述的振动。本章是基于对地面交通激励下西安鼓楼振动响应测试的基础上，通过随机振动理论分析西安鼓楼在地面交通振动下的响应情况。

3.1 随机振动分析

地面交通产生的振动为随机振动，在研究其对建筑物的影响时，需要对振动信号进行时域上和频域上的谱分析，从中得到振动所包含的频率、能量大小以及各频率下的幅值大小。而对振动信号进行谱分析主要是通过傅里叶变换来实现的。

3.1.1 连续傅里叶变换

在分析随机振动问题时，我们所采集的数据是一组在时间域上函数。而通过连续傅里叶变换可以将其转化为频率域上的函数，从而可以获得振动信号的频率特性。可以表示为：

正变换：

$$F(\omega)=\int_{-\infty}^{+\infty} f(t)\cdot \mathrm{e}^{-\mathrm{i}\omega t}\mathrm{d}t \tag{3-1}$$

逆变换：

$$f(t)=\frac{1}{2\pi}\int_{-\infty}^{+\infty}F(\omega)\cdot \mathrm{e}^{\mathrm{i}\omega t}\mathrm{d}\omega \tag{3-2}$$

式中，$f(t)$为连续时间内的非周期信号；$F(\omega)$为$f(t)$的连续傅里叶变换。

3.1.2 离散傅里叶变换

在实际采集信号过程中，由于采集时间的限制导致采集样本长度有限，则信号在时域和频域上都是离散的。而离散型傅里叶变换就是实现这种信号从时域到频域的转换，其可以表示为：

正变换：

$$F(k)=\sum_{n=0}^{N-1}f(n)\cdot \mathrm{e}^{-\mathrm{i}\frac{2\pi kn}{N}} \tag{3-3}$$

逆变换：

$$f(n)=\frac{1}{N}\sum_{k=0}^{N-1}F(k)\cdot \mathrm{e}^{\mathrm{i}\frac{2\pi kn}{N}} \tag{3-4}$$

式中，$f(n)$为离散时间内的非周期信号；$F(k)$为$f(n)$的离散傅里叶变换。

3.2 振动信号时域分析

振动信号时域分析是从时间域的角度出发对振动信号进行分析，包括对振动信号进行幅值分析、信号变化趋势分析等，还可以根据需要将振动信号转换成其他形式，例如将加速度时程曲线转化为速度时程曲线或将速度时程曲线转化为加速度时程曲线。其转化的原理是先对测试信号进行傅里叶变换，然后对变换所得的数据进行微分或者积分处理，最后对积分或微分后的数据进行傅里叶逆变换，将信号再次转换到时域上进行分析。

为更好地分析地面交通规律，将第 2 章测试数据中的测点 1～测点 3 的速度时程曲线转换为加速度时程曲线。也就是要对振动信号进行微分处理，其变换公式为：

$$y(r)=\sum_{k=0}^{N-1}\frac{1}{j2\pi k\Delta f}H(k)F(k)\cdot \mathrm{e}^{\frac{2\pi knrj}{N}} \tag{3-5}$$

其中：

$$H(k)=\begin{cases}1 & (f_{\mathrm{d}}\leqslant k\Delta f\leqslant f_{\mathrm{u}})\\ 0 & (\text{其他})\end{cases} \tag{3-6}$$

式中：$F(k)$为$f(n)$的傅里叶变换；f_d为频率截至下限；f_u为频率截至上限；Δf为频率分辨率。

测点 1～测点 3 速度时程曲线经上式转换为加速度的时域曲线如图 3-1 所示。提取图 3-1 中各测点加速度幅值（表 3-1）。

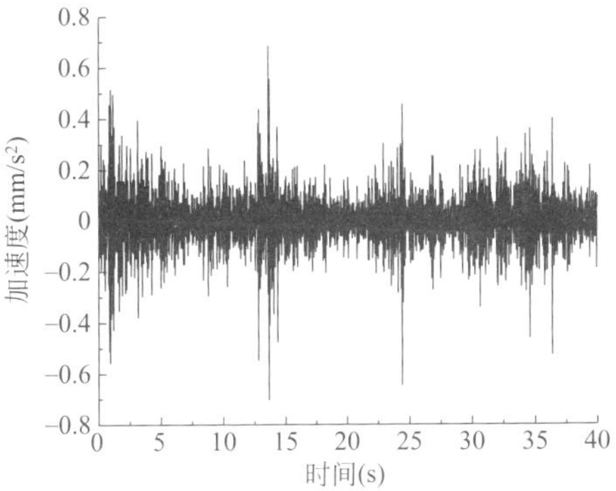

(a) 测点1水平向加速度时域曲线

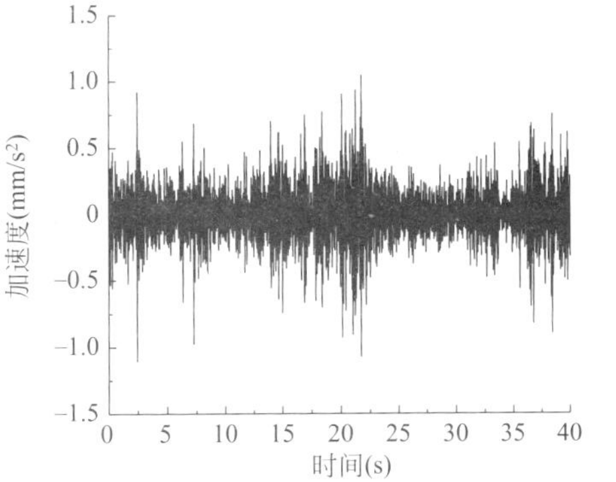

(b) 测点1竖向加速度时域曲线

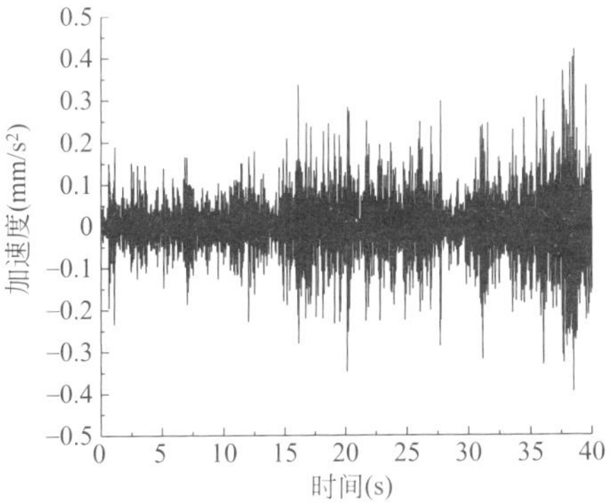

(c) 测点2水平向加速度时域曲线

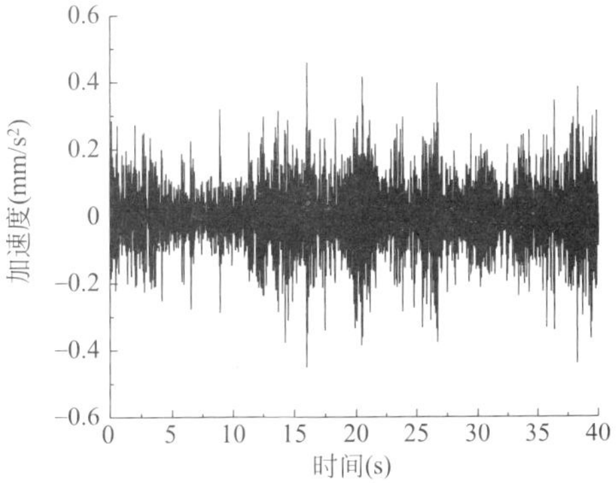

(d) 测点2竖向加速度时域曲线

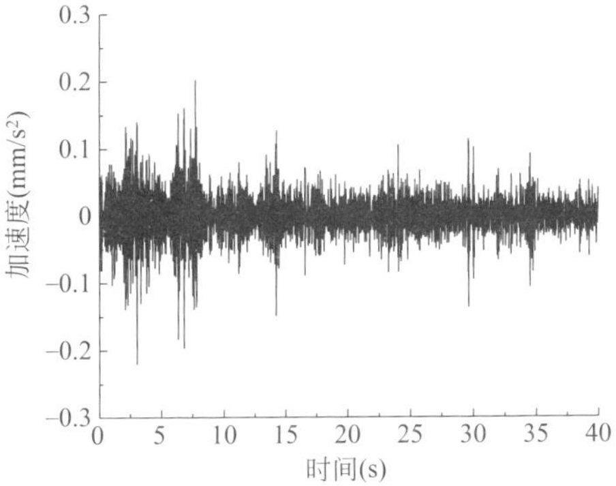

(e) 测点3水平向加速度时域曲线

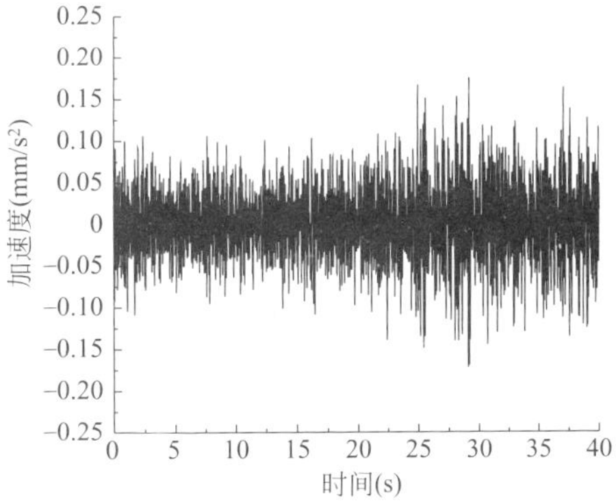

(f) 测点3竖向加速度时域曲线

图 3-1　各测点加速度时域曲线

各测点加速度幅值 **表 3-1**

测点	水平向(mm/s^2)	竖直向(mm/s^2)
测点 1	0.7021	1.1072
测点 2	0.4198	0.4570
测点 3	0.2204	0.1746

从表 3-1 可以看出，地面交通振动引起的竖向加速度大于水平向加速度；而从测点 1～测点 3 各测点幅值出现大幅衰减的主要原因是振动在传播过程中的能量消耗与土体的阻尼造成的；从测点 1～测点 2 水平向加速度衰减了 40%，竖向加速度衰减了 59%，从测点 2 到测点 3 水平向加速度衰减了 47%，竖向加速度衰减了 62%，这说明了竖向加速度相比于水平加速度在地面传播过程中衰减更快。

3.3 振动信号频域分析

频域分析是通过傅里叶变换将时域信号转换为频域信号，然后用从频域的角度出发去分析振动信号的特性。其分析结果是以频率为横坐标，幅值谱、相位谱和功率谱密度等参数为纵坐标。本书依据傅里叶变换将实测数据的时域曲线转换为功率谱密度曲线，从而去分析振动信号的强弱随频率分布的情况。图 3-2 为测点 1～测点 3 水平向与竖向功率谱密度曲线。

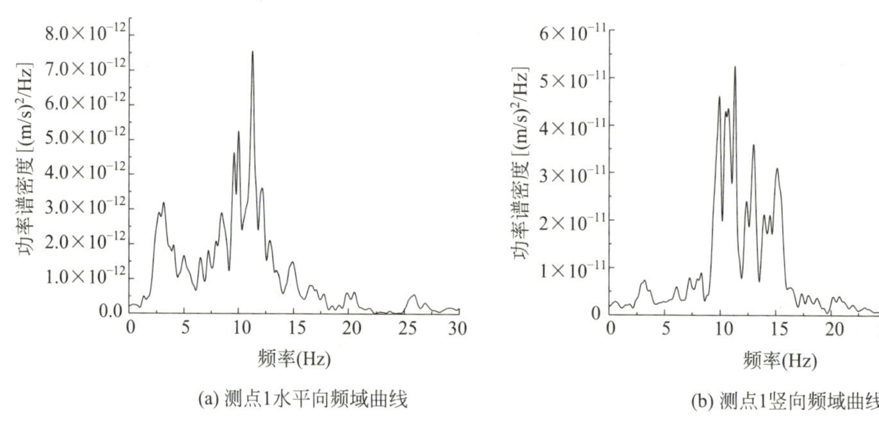

图 3-2 各测点频域曲线（一）

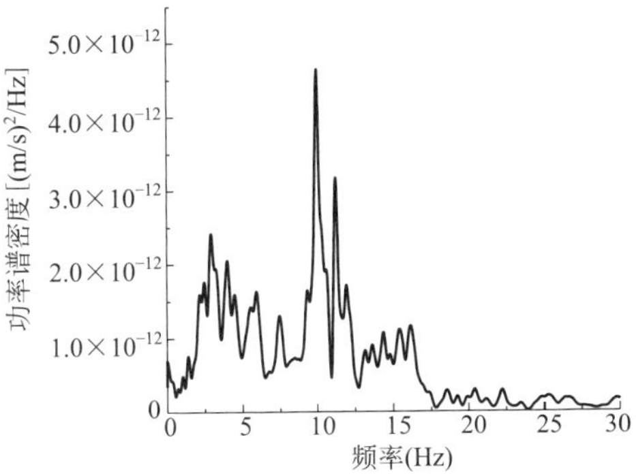

(c) 测点2水平向频域曲线

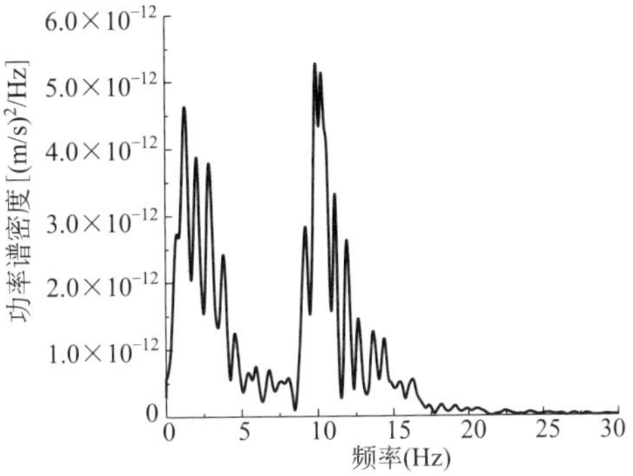

(d) 测点2竖向频域曲线

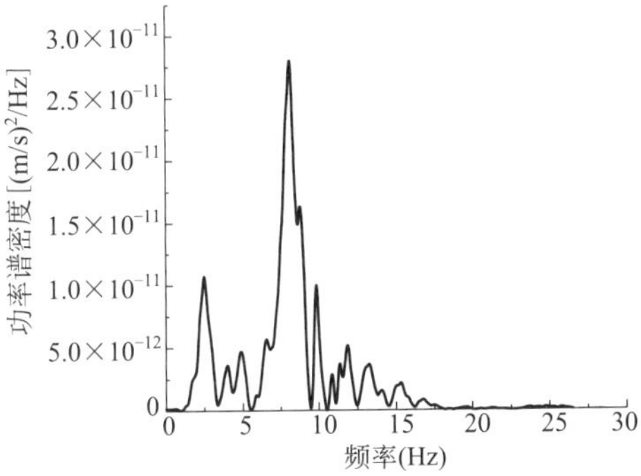

(e) 测点3水平向频域曲线

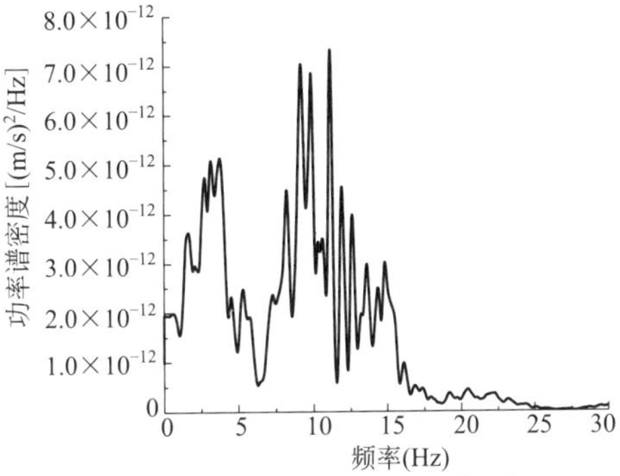

(f) 测点3竖向频域曲线

图 3-2　各测点频域曲线（二）

从图 3-2 可以看出：

(1) 各测点频域曲线主要集中在 0～20Hz 中间，跨越幅度较大的原因可能与车辆型号、车速以及载重等因素有关。

(2) 各测点功率谱密度幅值在 5～15Hz 较大，在 15Hz 之后会出现快速衰减的情况，说明地面交通引起的振动是以低频为主。

(3) 通过对比测点 1～测点 3 频域曲线发现：测点 1 频域曲线分布较广，在 0～30Hz 内都有明显振动的现象；测点 2 振动则主要集中在 0～25Hz 之间；测点 3 频域曲线分布相对较窄，振动主要集中在 0～15Hz 之间。而测点 1～测点 3 距离振源越来越远，说明了高频振动在地面传播过程中衰减较快。

3.4 振动信号模态分析

模态分析是研究结构动力特性的一种常用方法，是计算结构自振频率、振型以及阻尼比的过程。模态分析方法按照识别信号的不同，可以分为频域法和时域法。频域法模态分析是通过输入激励与响应信号之间的关系得到结构的传递函数，然后在利用传递函数来计算结构的模态参数；时域法模态分析则是利用加速度、速度以及位移的振动响应信号在时域中进行模态参数识别。本书采用频域法模态分析，将地面交通振动作为外部激励，通过分析各测点振动响应情况来获得结构的动力参数。

3.4.1 自振频率

在对西安鼓楼进行自振频率识别时，依据《古建筑防工业振动技术规范》GB/T 50452—2008[38] 的规定，古建筑的自振频率应按照自功率谱峰值、各层测点的互功率谱相位确定，并且各测点相干函数不得小于0.8。

（1）自功率谱峰值

自功率谱是通过对振动信号进行自谱分析得到的，它是描述振动信号在各频率处的分布情况。其表达式为：

$$|H(\omega)^2|=\frac{G_{yy}(\omega)}{G_{xx}(\omega)} \tag{3-7}$$

其中，$G_{yy}(\omega)$为结构的振动响应的自功率谱；$G_{xx}(\omega)$为输入的激振力的自功率谱。

（2）互功率谱相位

互谱分析是指对两个振动信号进行互功率谱计算，对两个时域信号 x（t）、y（t）进行快速傅里叶变换得到幅值谱 X（K）、Y（K），而 X（K）、Y（K）乘积即为互功率谱 P_{xy}（K）。互功率谱的主要作用是为了描述两个时域信号在频域中所共有的成分，以及其相位差的关系。其在某一自振频率 ω_m 的表达式为：

$$P_{xy}(\omega_m)=C_{xy}(\omega_m)+iQ_{xy}(\omega_m) \tag{3-8}$$

式中，C_{xy}（ω_m）为傅里叶变换后的余弦项幅度，表达式中的为实部；Q_{xy}（ω_m）为傅里叶变换后的正弦项幅度，是表达式中的虚部，一般为0。

当用幅值与相位表示时，其表达式为：

$$P_{xy}(K)=|P_{xy}(K)|e^{-i\theta(k)} \tag{3-9}$$

$$|P_{xy}(\omega_m)|=[C_{xy}(\omega_m)]^2+[Q_{xy}(\omega_m)]^2 \tag{3-10}$$

$$\theta_{xy}(\omega_m)=\tan^{-1}\frac{C_{xy}(\omega_m)}{Q_{xy}(\omega_m)} \tag{3-11}$$

相位角 θ 在 0°到 180°之间，当相位角在 0°和±180°附近时，说明两组信号的具有同向或者反向关系。

（3）相干函数

相干函数为定义输入函数 $X(t)$ 和输出函数 $Y(t)$ 之间关系的参数，其表达式为：

$$\gamma_{AB}^{2}(\omega)=\frac{|G_{AB}(\omega)|^2}{G_{AA}(\omega)G_{BB}(\omega)} \tag{3-12}$$

当相干函数等于 0 时，意味着两组信号之间没有关联，当相干函数等于 1 时，意味着输出信号是完全由输入信号引起的。

虽然相干函数的定义为输入与输出信号之间的关系，但由于测试时外界干扰较多，无法得到确切的输入信号，因此将一层测点的信号作为输入信号，实际是在分析两个输出信号之间的关系。因此《古建筑防工业振动技术规范》GB/T 50452—2008[38] 规定当相干函数大于 0.8 时，就可认为两组信号是相关的。

提取柱 5/C 测点以及柱 6/D 的测点数据，分别对其进行自谱分析和互谱分析，得到各测点的自功率谱曲线（图 3-3）、频率-相干函数曲线（图 3-4）以及频率-相位函数曲线（图 3-5）。

从图 3-3 可以看出，柱 5/C 柱顶测点和柱底测点东西方向功率谱密度在 1.2328Hz 处和 2.4179Hz 处同时出现峰值；柱 6/D 柱顶测点和柱底测点东西方向功率谱密度在 1.1843Hz 处和 2.3810Hz 处相位同时出现峰值；柱 5/C 柱顶测点和柱底测点南北方向功率谱密度在 1.5376Hz 处和 3.1844Hz 处同时出现峰值；柱 6/D 柱顶测点和柱底测点南北方向功率谱密度在 1.57673Hz 处和 2.2821Hz 处同时出现峰值。

从图 3-4 可以看出，柱 5/C 二层柱顶测点和柱底测点东西方向频率-相干函数曲线在 1.2328Hz 处和 2.4179Hz 处相干系数约为 0.91 和 0.84；柱 6/D 二层柱顶测点和柱底测点东西方向频率-相干函数曲线在 1.1843Hz 处和 2.3810Hz 处相干系数均约为 0.84；柱 5/C 二层柱顶测点和柱底测点南北方向频率-相干函数

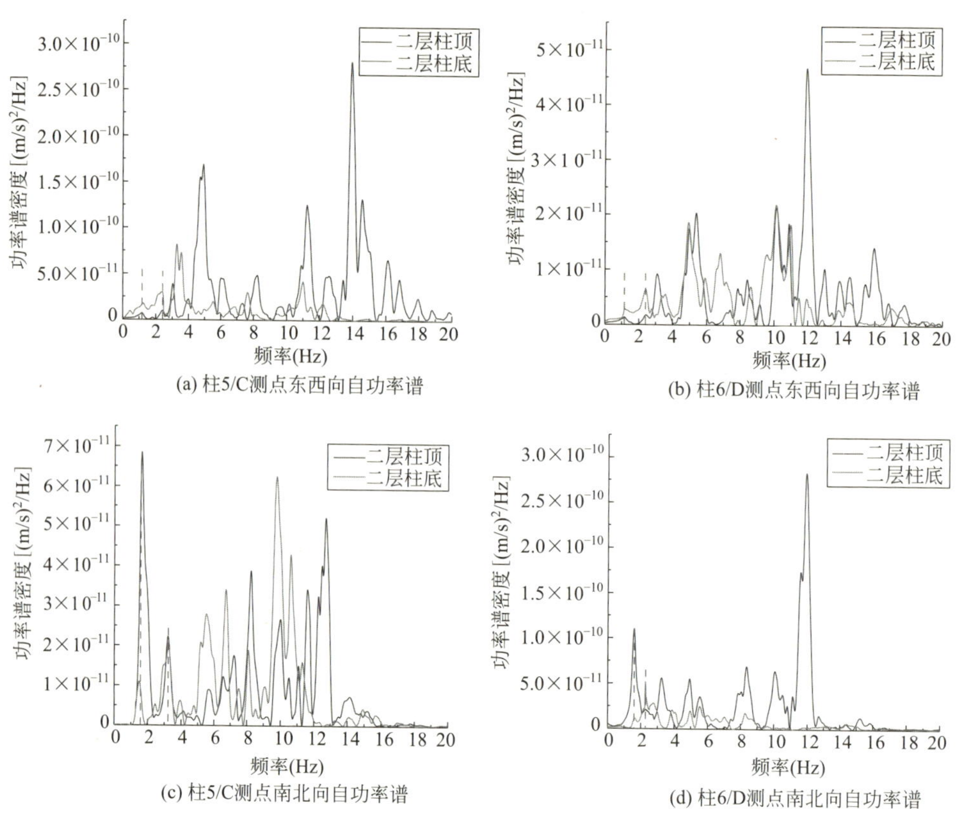

(a) 柱5/C测点东西向自功率谱

(b) 柱6/D测点东西向自功率谱

(c) 柱5/C测点南北向自功率谱

(d) 柱6/D测点南北向自功率谱

图 3-3 各测点自功率谱曲线

曲线在 1.5376Hz 处和 3.1844Hz 处相干系数约为 0.85 和 0.81；柱 6/D 二层柱顶测点和柱底测点南北方向频率-相干函数曲线在 1.5767Hz 处和 2.2821Hz 处相干系数约为 0.94 和 0.83。

从图 3-5 可以看出，柱 5/C 二层柱顶测点和柱底测点东西方向频率-相位函数曲线在 1.2328Hz 处和 2.4179Hz 处相位系数约为 0°和－180°；柱 6/D 二层柱顶测点和柱底测点东西方向频率-相位函数曲线在 1.1843Hz 处和 2.3810Hz 处相位系数约为 0°和 180°；柱 5/C 二层柱顶测点和柱底测点南北方向频率-相位函数曲线在 1.5376Hz 处和 3.1844Hz 处相位系数约为 0°和－180°；柱 6/D 二层柱顶测点和柱底测点南北方向频率-相位函数曲线在 1.5767Hz 处和 2.2821Hz 处相位系数约为 0°和 180°。

根据上述对各测点的自功率谱峰值、互功率谱相位以及相干函数的分析，则西安鼓楼木结构两个方向自振频率情况如表 3-2、表 3-3 所示。

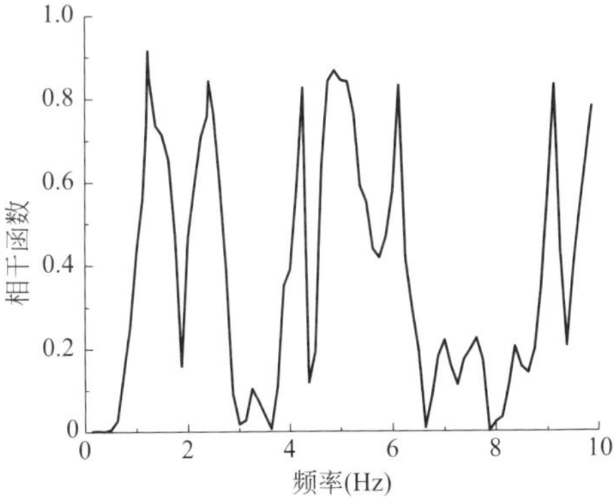

(a) 5/C测点东西方向

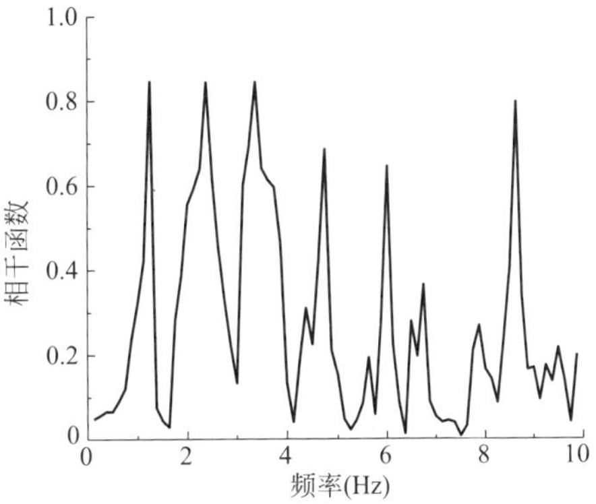

(b) 6/D测点东西方向

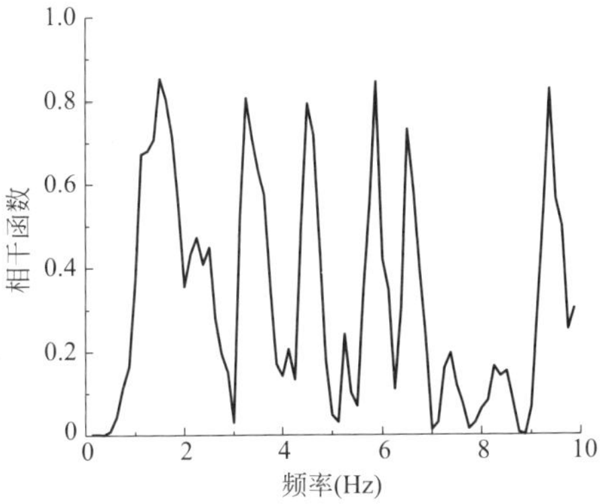

(c) 5/C测点南北方向

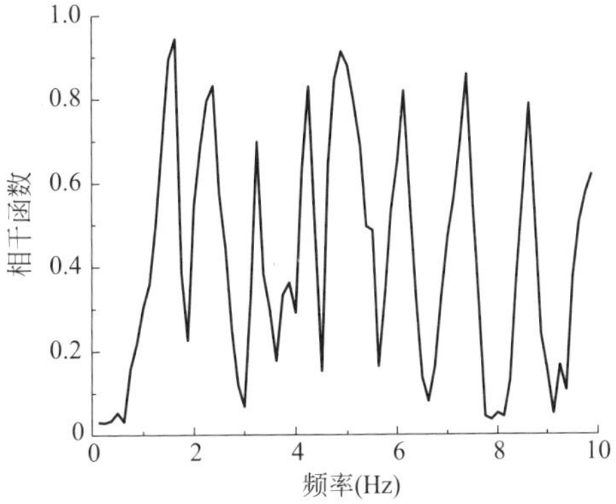

(d) 6/D测点南北方向

图 3-4　各测点频率-相干函数曲线

西安鼓楼木结构东西向前两阶自振频率　　　　表 3-2

测点	第一阶频率(Hz)	第二阶频率(Hz)
柱 5/C 测点	1.2328	2.4179
柱 6/D 测点	1.1843	2.3810
均值	1.2081	2.3995

西安鼓楼木结构南北向前两阶自振频率　　　　表 3-3

测点	第一阶频率(Hz)	第二阶频率(Hz)
柱 5/C 测点	1.5376	3.1844
柱 6/D 测点	1.5767	2.2821
均值	1.5572	2.7333

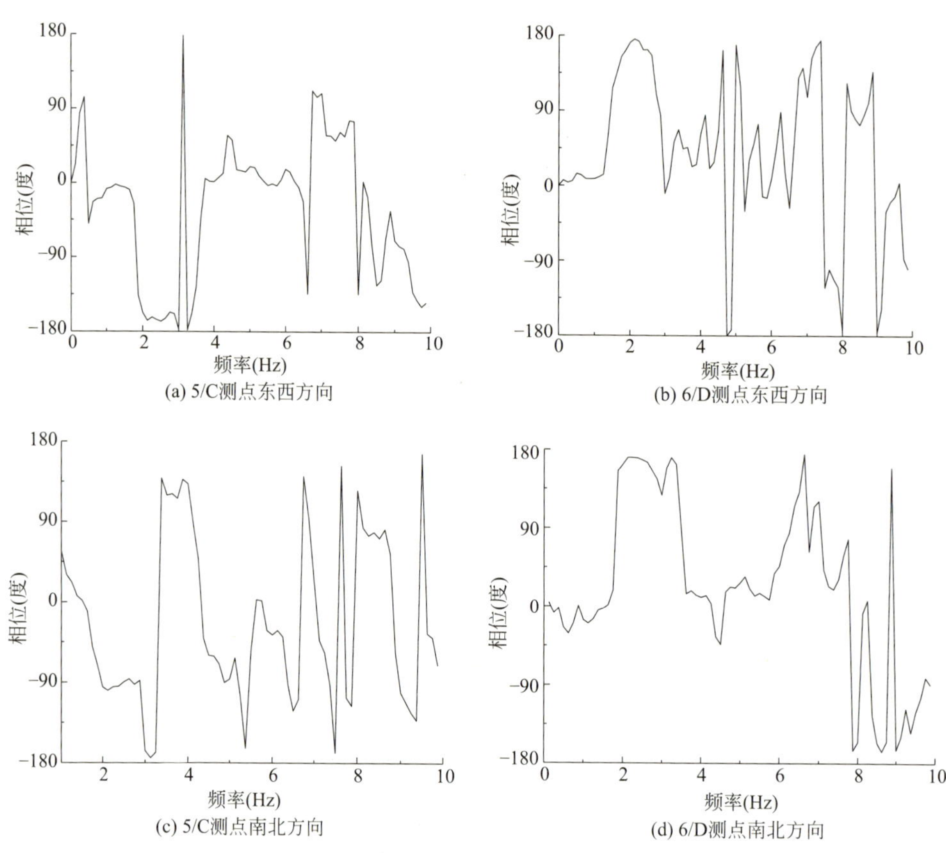

图 3-5　各测点频率-相位函数曲线

因为西安鼓楼为非对称结构，再加上各处损伤情况不同，所以导致柱 5/C 与柱 6/D 测量结果有所差异，对各测量的结果进行平均处理，则西安鼓楼前两阶自振频率如表 3-4 所示。

西安鼓楼木结构前两阶自振频率　　**表 3-4**

测点	第一阶频率(Hz)	第二阶频率(Hz)
东西向	1.2081	2.3995
南北向	1.5572	2.7333

3.4.2　振型

在自振频率确定以后，就可以利用各测点在自振频率处的振动响应比值来确定固有振型。这就需要利用到传递函数，传递函数分析是对输入信号与输出信号进行频域分析，确定输入信号与输出信号的关系，从而获得结构的振型。由于在振动测试时，无法得到有效的输入信号，则将高台基上测点作为输入激励，其他层测点作为输出信号进行计算。

假设高台基上测点输入信号是 $x(t)$，其他各层测点输出信号分别是 $y(t)$，对其进行傅里叶变换后得到其在频域上的输入信号 $G_x(\omega)$ 和输出信号 $G_y(\omega)$，则传递函数可以表示为：

$$H(\omega)=\frac{G_y(\omega)}{G_x(\omega)} \tag{3-13}$$

提取 5/C 柱各测点数据，并对测试点数据进行上述分析，则西安鼓楼的前两阶振型如图 3-6 所示。

通过图 3-6 可以看出，西安鼓楼木结构前二阶振型均表现为平动；木结构在一阶振型沿着高度方向位移逐渐增大；木结构在二阶振型处沿着高度方向位移先反向变大，然后再正向变大。相应的振型计算结果如表 3-5 所示。

西安鼓楼木结构前两阶振型计算结果　　表 3-5

测点	东西向		南北向	
	第一阶振型	第二阶振型	第一阶振型	第二阶振型
1F	0	0	0	0
2F	0.319	−0.736	0.714	−0.874
3F	1	1	1	1

3.4.3 阻尼比

阻尼是由于外界作用或系统本身固有的原因引起的振动幅度逐渐下降的特性，而阻尼比则表示了结构在受激振后振动的衰减形式。其用阻尼系数 c 和临界阻尼系数 c_c 的比值来表示。即：

$$\zeta=\frac{c}{c_c}=\frac{c}{2m\omega_n} \tag{3-14}$$

在实际测量中，确定结构阻尼比一般有时域衰减法和频域半功率带宽法两种方法。时域衰减法是指采用单频的正弦信号对结构进行激励，然后分析得到结构的阻尼比。该方法虽然测量精度较高，但是若要计算结构在多个共振频率下的阻尼比，就需要对结构进行 n 次激励，而这在实际测量中往往不能实现；频域半功率带宽法是指利用自功率谱的共振峰得到结构的自振频率，通过寻找自振频率

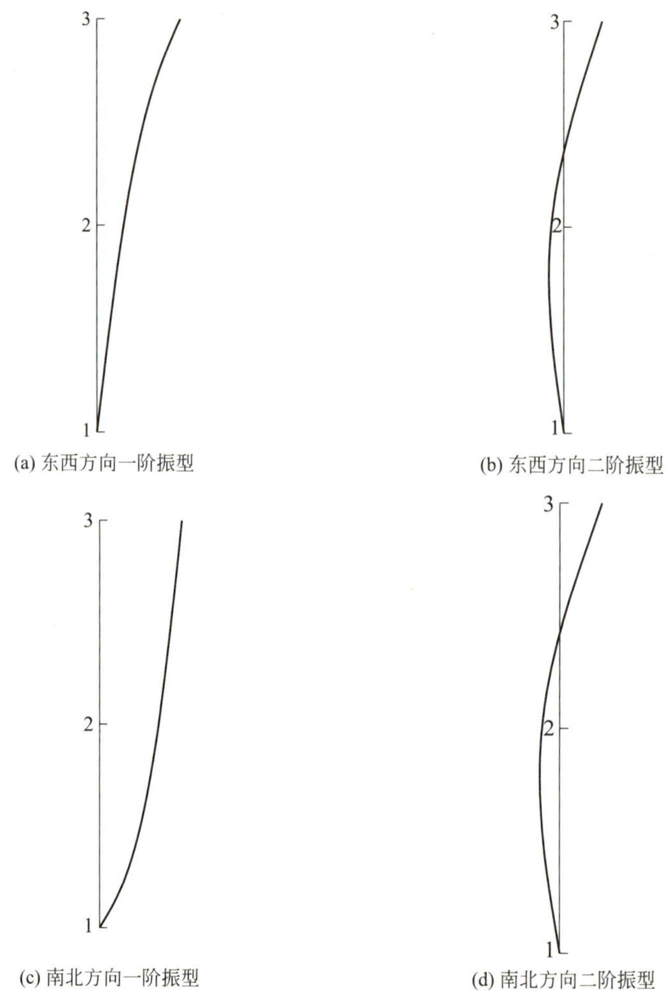

图 3-6　西安鼓楼木结构振型图

对应的谱峰，即取峰值的 $1/\sqrt{2}$，并过此值作一水平线，它与功率谱曲线的交点称为半功率点，基于此来计算结构的阻尼比。即：

$$\zeta=\frac{\Delta\omega_i}{2\omega_i} \tag{3-15}$$

其中，$\Delta\omega_i$ 为半功率带宽。

(1) 东西向阻尼比

提取 5/C 柱东西向各测点数据，并采用频域半功率带宽法对测试点数据进

行分析，则西安鼓楼木结构在东西方向前两阶自振频率下的阻尼比如表 3-6 所示。

西安鼓楼木结构东西方向阻尼比　　表 3-6

测点位置	f_1=1.2081(Hz)	f_2=2.3995(Hz)
一层底	5.12%	3.32%
二层底	3.56%	3.12%
二层顶	3.44%	3.01%

通过表 3-6 可以看出西安鼓楼木结构东西向的阻尼比最大值在一阶自振频率处，为 5.12%，并且阻尼比随着频率的升高而减小。

(2) 南北向阻尼比

提取 5/C 柱南北向各测点数据，并采用频域半功率带宽法对测试点数据进行分析，则西安鼓楼木结构在南北方向前两阶自振频率下的阻尼比如表 3-7 所示。

西安鼓楼木结构南北方向阻尼比　　表 3-7

测点位置	f_1=1.5572(Hz)	f_2=2.7333(Hz)
一层底	5.34%	3.84%
二层底	3.56%	3.12%
二层顶	3.21%	2.65%

通过表 3-7 可以看出西安鼓楼木结构南北向的阻尼比最大值在一阶自振频率处，为 5.34%，并且阻尼比随着频率的升高而减小。

3.5　本章小结

本章简要介绍了随机振动的特性，然后在第 2 章对西安鼓楼进行地面交通振动测试的基础上，运用随机振动理论对测试数据进行深入分析，主要结论如下：

(1) 通过对测试数据进行时域分析，发现地面交通振动引起的竖向加速度大于水平向加速度，但竖向加速度在传播过程中衰减较快。

(2) 通过对测试数据进行频域分析，发现地面交通引起振动主要集中在 0～

20Hz 之间；各测点功率谱密度在 5～15Hz 时较大，在大于 15Hz 时快速衰减，这表明了地面交通引起的高频振动在传播过程中衰减较快。

（3）通过对测试数据进行模态分析，得到了西安鼓楼木结构东西方向的一阶、二阶频率分别为 1.2081Hz、2.3995 Hz，其前两阶振型表现为东西向平动；南北方向的一阶、二阶频率分别为 1.5572Hz、2.7333 Hz，其前两阶振型表现为南北向平动；两个方向的阻尼比均随着自振频率的增大而较小。

第 4 章
西安鼓楼有限元模型的建立及校核

在对西安鼓楼的动力特性进行研究时，由于现场测试只能测得西安鼓楼木结构的动力特性，无法测得高台基及整体结构的动力特性。并且下文需要对地铁六号线激励下西安鼓楼的动力响应情况进行预评估，但地铁六号线尚未开通，因此需要借助有限元软件建立西安鼓楼的数值模型。由于西安鼓楼历史久远，内部结构较复杂，材料退化情况较为严重，数值分析得到的结果容易存在误差，因此本章利用结构动力特性对有限元模型进行校核。

4.1 西安鼓楼材料本构关系

4.1.1 木材特性及其本构关系

木材是一种生物材料，是由纤维素、木质素、半纤维素等高分子有机材料组成的。木材按照其纹理的方向可以分为顺纹方向（L 方向）与横纹方向（T 方向和 R 方向）（图 4-1）。木材力学性能的特点在于它的各向异性，其两个方向的力学性能有很大的差异。图 4-2 为典型木材应力-应变曲线，根据变形可知，木材的顺纹抗拉和抗压强度均较高，但横纹抗拉和抗压强度较低[43]。木材强度还与荷载作用有关，研究表明，在荷载长期作用下木材的长期强度几乎只有瞬时强度的一半。

从图 4-2 中可以看木材的应力-应变关系较复杂，它的性能不像完全的弹性材料，也不像完全的脆性材料。它在受拉、受压时具有脆性破坏的性质，而在受压、受弯破坏前具有较大的不可恢复的塑性变形特性。因此，当下人们将其定义为粘弹性材料。其顺纹受拉、压应力-应变关系如图 4-3 所示，表达式为：

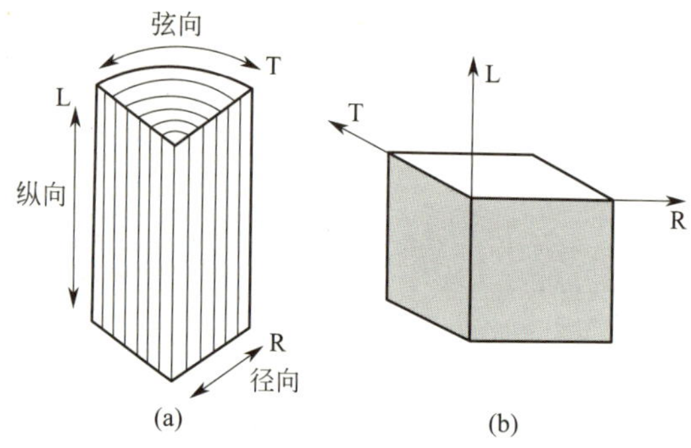

图 4-1　木材的弦向、径向及纵向

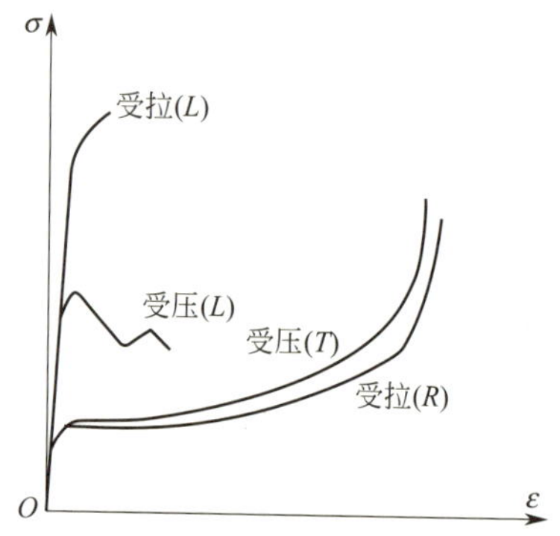

图 4-2　典型木材应力-应变关系

$$\begin{cases}\sigma=E\varepsilon & (\varepsilon\geqslant-\varepsilon_s)\\ \sigma=E\varepsilon_s+mE(\varepsilon+\varepsilon_s) & (\varepsilon<-\varepsilon_s)\end{cases}\tag{4-1}$$

从图 4-3 可以看出，顺纹受拉破坏前没有塑性变形段，其变化趋势近似直线，表现为脆性破坏；而在顺纹受压时，由于纤维的失稳而导致木材屈曲，则在破坏前出现了较明显的塑性变化阶段。而在木材横纹承压时，其横纹变形较大，且在破坏时无明显征兆，直到木材因受压而至密实，荷载依旧可以继续增大而无法确定其最终的破坏值。因此，一般将木材横纹比例极限荷载认为是它的横纹抗压强度[44]。

文献［45］通过制作殿堂二等材檐柱试验模型，并对模型进行竖向荷重下的水平向低周反复荷载试验，试验表明：木柱在水平荷载作用下，无明显塑性发展特征，其破坏具有明显的脆性特征，表现为线弹性。

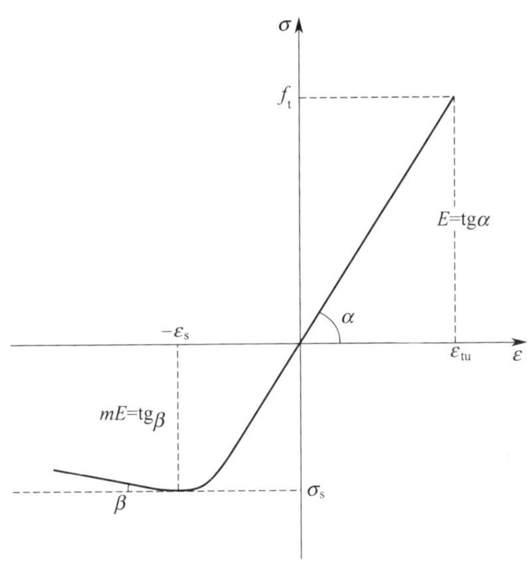

图 4-3　木材顺纹应力-应变关系

本书结合文献［46］及《木结构设计手册》[47] 有关内容，木材的各向剪切模量可以取为：

$$G_{LR} \approx 0.075E_L \quad G_{LT} \approx 0.06E_L \quad G_{RT} \approx 0.018E_L$$

最终确定西安鼓楼木材物理参数如表 4-1 所示。

西安鼓楼木材主要物理力学参数　　　　**表 4-1**

材料	密度	弹性模量(MPa)			泊松比			剪切模量(MPa)		
	(kg/m^3)	E_L	E_R	E_T	μ_{LR}	μ_{LT}	μ_{RT}	G_{LR}	G_{LT}	G_{RT}
木材	420	8301	538	269	0.25	0.035	0.02	623	498	149

4.1.2　西安鼓楼高台基夯土本构模型

西安鼓楼高台基分为高台体与台基。其中高台体材料为内部夯土，外部包砖的形式。夯土是高台基的主要承重部分，属于颗粒状材料，其受压屈服强度远大于受拉屈服强度。在土力学中，常用的屈服准则包括 Mahr-Coulomb 准则、Von Mises 准则以及 Drucker-Prager 屈服准则[48] 等。研究表明夯土在受剪时会发生膨胀，因此 Von Mises 准则不适用于此类材料，本书采用 Drucker-Prager 屈服准则来描述夯土这种颗粒状材料。

Drucker-Prager 屈服准则是在 Von Mises 屈服准则的基础上增加了一个附加项，将静水压力对屈服破坏的影响考虑进去。Drucker-Prager 屈服准则将材料考虑为理想弹塑性材料，即在弹性阶段，无论外力多大，变形总能恢复；在塑性阶段，受力较小时就可以发生变形，且变形不可逆。使用 Drucker-Prager 屈服准则时，材料可以简称为 DP 材料。

对于 DP 材料，其等效应力的表达式为：

$$\sigma_e = 3\beta\sigma_m + \left[\frac{1}{2}\{S\}^T[M]\{S\}\right]^{\frac{1}{2}} \tag{4-2}$$

$$\sigma_m = \frac{1}{3}(\sigma_x + \sigma_y + \sigma_z) \tag{4-3}$$

式中：β 为材料常数；$[M]$ 为一常数矩阵；$\{S\}$ 为偏应力；σ_m 为平均应力或净水压力。

材料常数 β 可以表示为：

$$\beta = \frac{2\sin\phi}{\sqrt{3}(3-\sin\phi)} \tag{4-4}$$

最终可以得到 DP 材料屈服强度的表达式为：

$$\sigma_s = \frac{6c\cos\phi}{\sqrt{3}(3-\sin\phi)} \tag{4-5}$$

式中，ϕ 为材料的内摩擦角；c 为材料的黏聚力。

西安鼓楼下部高台基年代较为久远，其内部夯土性质较为复杂，在建立模型时可以取与其同时代的西安钟楼内部夯土参数。根据文献［13］取西安鼓楼高台基夯土及砖块力学参数如表 4-2 所示。

西安鼓楼高台基材料参数 **表 4-2**

高台基材料	密度 ρ(kg/m^3)	弹性模量 E(kPa)	泊松比 μ
内部夯土	1870	69000	0.347
外包砖块	1800	2230000	0.100

4.2 西安鼓楼有限元模型的建立

西安鼓楼构造较为复杂，在对其进行有限元建模时，需要对一些问题进行假设与简化，本节主要针对西安鼓楼建筑结构特点，总结过往学者的经验，对西安鼓楼进行有限元建模，为下文进行有限元计算打好基础。

4.2.1　上部木结构模型的建立

（1）柱础

柱础是中国古建筑木结构中独有的一种结构构件，其上直接放置木柱（图 4-4），是承受木柱压力的垫基石，它不仅可以使得木柱与地面隔离，起到防潮作用；同时，它还可以起到加强柱基承载力的作用。前文我们提到过，木柱直接放置在柱础上，当受到较大的水平荷载时，可以在柱础上产生水平滑移（图 4-5 为木柱与柱础滑移示意图），消耗能量，起到隔振的作用。

在处理柱础与木柱的连接模拟时，许多学者有不同的看法，文献［51］通过采用节点耦合的方法将其假设成铰接；文献［52］通过对不同连接方式下结构的动力特性对比，发现接触单元将柱础与木柱相对滑移的特性模拟出来。

图 4-4　柱础与木柱连接图

综合所述，为了较为准确的还原结构的原本情况，本书采用 Combin14 单元来实现柱础和木柱的连接。Combin14 单元是具有在 1 维～3 维应用中拉伸或扭转的性能。当考虑为拉伸时，它可以在节点进行 x、y、z 这 3 个方向的拉伸或压缩；当考虑为扭转时，它是一个纯扭转单元，同样每个节点具有 3 个方向的自由度，可以在 x、y、z 这 3 个方向进行旋转，如图 4-6 所示。

Combin14 单元由弹簧常数 K 和阻尼系数 C_{v1}、C_{v2} 两个节点组成。其中，阻尼特性不能用于无阻尼和静力状态下的分析。扭矩（T）和阻尼力（F）分别由下式计算：

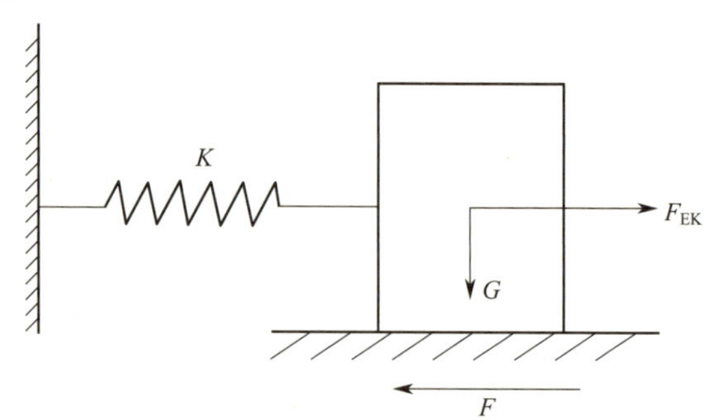

图 4-5　柱础与木柱相对滑移示意图

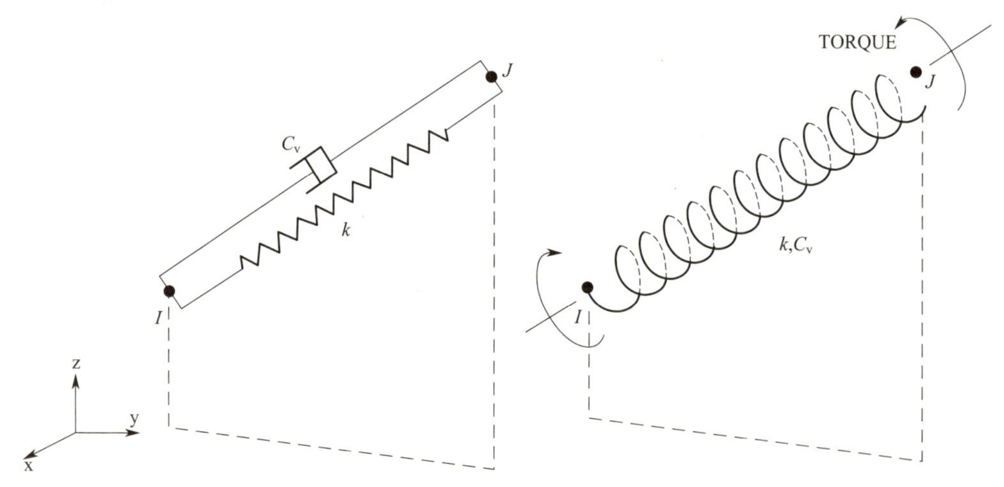

图 4-6　Combin14 单元示意图

$$T_{\theta}=-C_{v}\frac{d\theta}{dt} \tag{4-6}$$

$$F_{x}=-C_{v}\frac{du_{x}}{dt} \tag{4-7}$$

$$C_{v}=C_{v1}+vC_{v2} \tag{4-8}$$

式中，C_v 是阻尼系数，C_{v2} 是指由于某些液态环境下产生非线性阻尼效果。

由 Combin14 单元的组成可知，采用此单元模拟时，主要是确定水平弹簧刚度值。本书依据文献［53］、文献［54］中进行木柱与柱础摩擦滑移试验所得到的结

果，取木柱与柱础之间水平连接弹簧刚度值为 52kN/m。

（2）梁柱模拟

西安鼓楼梁、柱均采用木材，由前文可知木材具有各向异性，根据木材的本构关系，本书选取 Beam188 单元（图 4-7）来模拟梁、柱等承重构件。

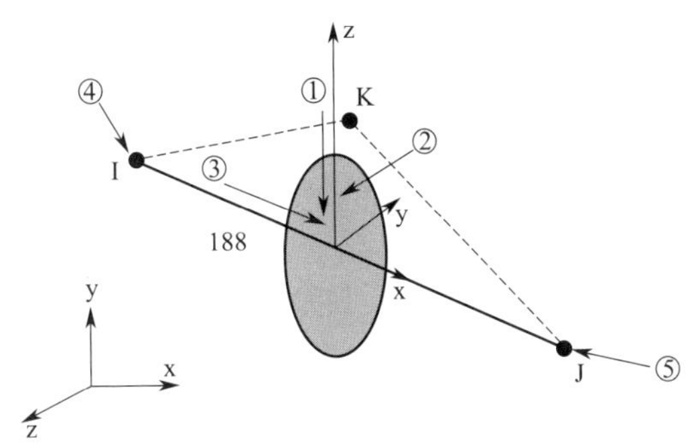

图 4-7　Beam188 单元示意图

Beam188 单元适合于分析细长的梁结构，该单元基于 Timoshenko 梁理论，在模拟的过程中考虑了扭切的变形效果。Beam188 单元可以在节点具有 6～7 个自由度，分别是沿 x、y、z 方向的平动和绕 x、y、z 轴的转动，当考虑第 7 个自由度时，其可以在横截面上发生翘曲。

（3）榫卯节点的模拟

中国古代木结构最显著的特点就是梁柱等构件采用榫卯连接（图 4-8），这种连接方式的特点是可以发生变形，但它的变形又没有铰接那么大，它是处于刚接与铰接之间的半刚性连接。

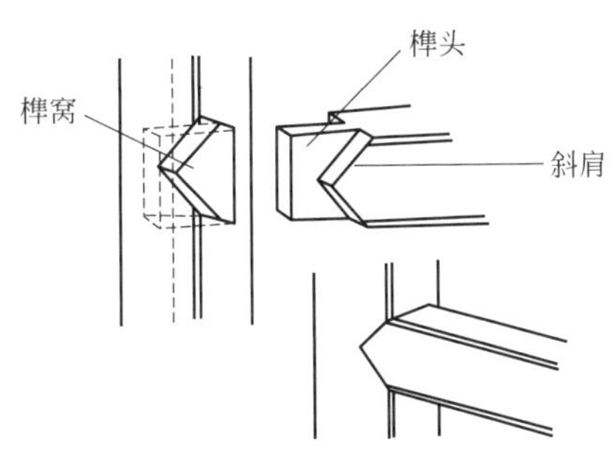

图 4-8　榫卯节点示意图

本书采用 Combin39 弹簧单元来模拟榫卯节点的半刚性连接，其几何特性如

图 4-9 所示。Combin39 单元是通过广义的力与位移的曲线来定义材料的受力性质。该单元可用于任何分析之中。其单元特性与 Combin14 相似，都是具有轴向或扭转功能。其中轴向功能代表轴向拉压单元，每个节点具有沿坐标轴 x、y、z 的平动的 3 个自由度；扭转选项表示纯扭单元，每个节点都有绕坐标轴 x、y、z 的转动的 3 个自由度。当选择轴向功能时不考虑扭转和弯曲，选择扭转功能时不考虑弯曲和轴向作用。图 4-10 和图 4-11 为 Combin39 模拟榫卯节点示意图，其中 K_x、K_y、K_z 表示半刚性节点沿 x、y、z 轴的拉伸变形刚度，$K_{\theta x}$、$K_{\theta y}$、$K_{\theta z}$ 表示节点沿 x、y、z 轴的弯曲或扭转刚度。

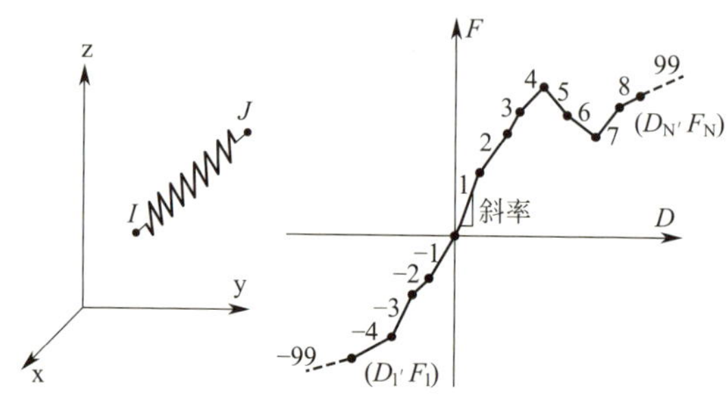

图 4-9　Combin39 单元几何特性

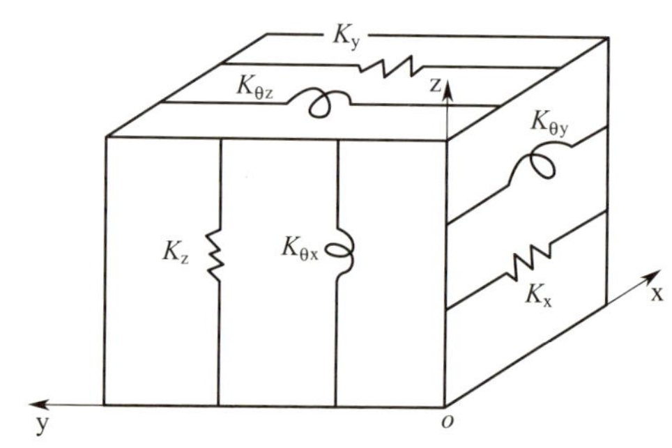

图 4-10　三维半刚性节点示意图

针对榫卯节点刚度的研究，文献［55］以西安钟楼为例，通过理论计算的方法得到榫卯节点的刚度为 $K_x = K_z = 1.71 \times 10^7$ N/m，$K_y = 2.08 \times 10^8$ N/m，转动刚度均为 6.244×10^8 N/m。本书采用赵鸿铁、薛建阳、高大峰[56-58] 等人通过制作模型进行振动台试验得出的榫卯节点弹簧刚度值。其取值如表 4-3 所示。

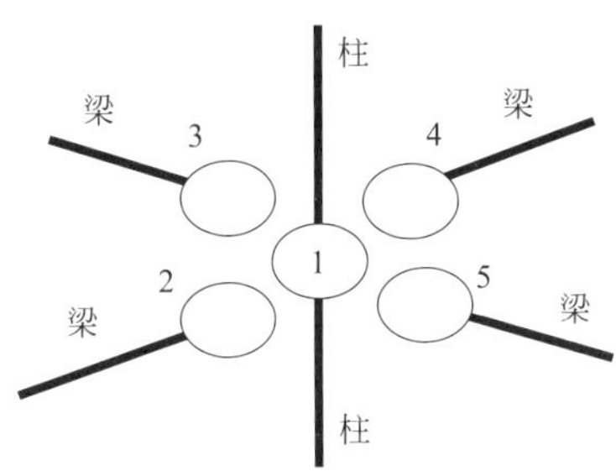

图 4-11　榫卯连接模拟示意图

榫卯节点刚度取值　　　　**表 4-3**

构件名称	K_x(kN/m)	K_z(kN/m)	$K_{\theta x}=K_{\theta y}=K_{\theta z}$(kN·m/ra)
榫卯节点	1130	127950	296

(4) 斗栱的模拟

斗栱是中国古代木结构中一个非常重要的构件，它位于屋架与梁架之间，起着承上启下的作用。斗栱在我国不同朝代有着不同的命名和分类方式(表 4-4)。梁思成在《梁思成全集》中按照斗栱在建筑物中所处的位置将其分为外檐斗栱和内檐斗栱，其中外檐斗栱指位于建筑物外檐的斗栱，包括柱头科、平身科、角科；内檐斗栱则处于建筑物内檐部分，包括品字科斗栱、隔架斗栱等。

斗栱不同朝代分类及命名　　　　**表 4-4**

斗栱名称	宋代名称	清代名称
柱头斗栱	柱头铺作	柱头科
柱间斗栱	补间铺作	平身科
转角斗栱	转角铺作	角科

图 4-12 为西安鼓楼一处斗栱情况，其从右往左按照顺序依次为转角斗栱、柱间斗栱、柱头斗栱、柱间斗栱、柱间斗栱和柱头斗栱。

斗栱所处位置不同，其力学性能会有差异，但本书主要研究整体结构的力学性能，因此将各类斗栱的力学性能视为一样。依据前文提到的斗栱特性，本书仍采用 Combin39 单元将来模拟斗栱，此时将斗栱视为一个阻尼器，通过对 Combin39 单元设置各个方向的刚度值来模拟斗栱的特性。刚度取值采用文献 [59] 中所做有关斗栱试验结果来取，如表 4-5 所示。

图 4-12 西安鼓楼一处斗栱

斗栱节点刚度取值 表 4-5

构件名称	K_x(kN/m)	K_z(kN/m)	$K_{\theta x}=K_{\theta y}=K_{\theta z}$(kN·m/ra)
斗栱	2197.3	127950	290.017

(5) 屋架和楼面荷载的选取

古建筑木结构的屋架荷载是经木柱传递给基础，基于这一原则，本书将屋架质量按照面积等效原则集中加载在顶层柱顶的位置。楼面荷载则同屋架荷载一样按照等效原则加在各层柱顶。

对于楼面荷载，主要考虑其活荷载，荷载取值参照文献［60］中的取值为 3.6kN/m^2；对于屋架荷载，参照古建筑木结构屋盖的常用做法[61]，屋顶为筒瓦苫背，其做法为在木望板上抹一层厚度为 1～2cm 的深月白麻刀灰（护板灰），用于保护望板和椽子；然后在护板灰上苫 2～3 层泥背，且每层泥背厚道要小于 5cm；最后在泥背上苫 2～4 层大麻刀灰或大麻刀月白灰，且每层灰背的厚度要小于 3cm。按照以上做法，依据《建筑结构荷载规范》GB 50009—2012)[62] 中荷载取值计算得到各部分水平投影，计算结果如表 4-6 所示。

屋盖自重取值 表 4-6

屋盖做法	瓦种	护板灰	苫背	灰浆	望板	椽子	合计
自重(kN·m^{-2})	1.20	0.21	1.12	0.84	0.25	0.48	4.10

按照等效原则，采用 Mass21 单元来模拟屋盖质量的施加。Mass21 单元是一个具有沿 x、y、z 的平动的 3 个自由度和绕 x、y、z 的转动的 3 个自由度的质量单元，如图 4-13 所示，并且每个自由度的方向可以指定不同的质量或转动惯量。

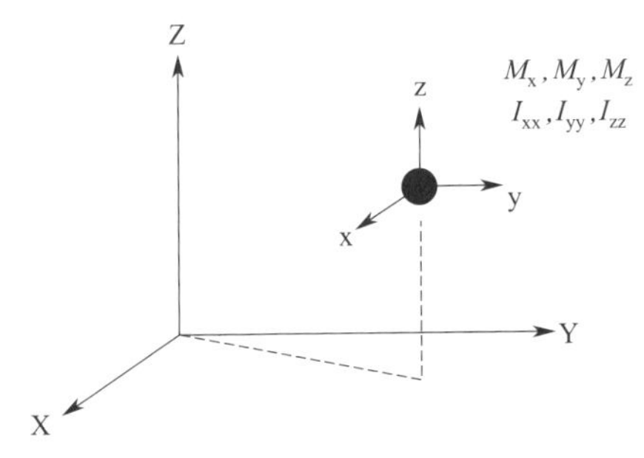

图 4-13　Mass21 单元示意图

根据以上对西安鼓楼木结构结构特点的简化模拟，利用 ANSYS 建立西安鼓楼上部木构架有限元模型，如图 4-14 所示。

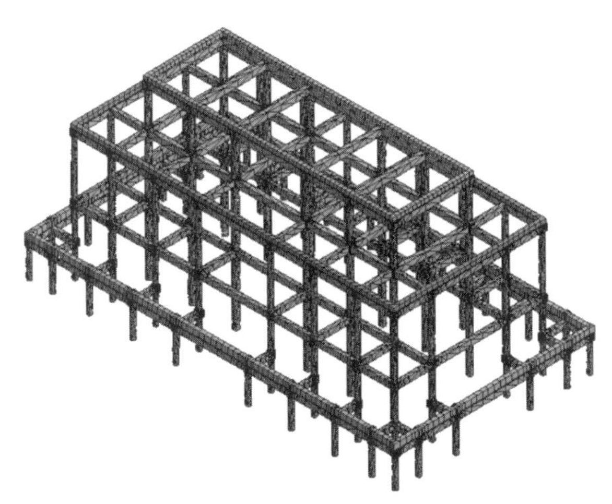

图 4-14　木结构有限元模型

4.2.2　下部高台基模型的建立

对于高台基模拟，主要是对夯土以及外包砖块的模拟，以及实现两者的连接。本书采用 Solid45 单元模拟高台基内部夯土与外砌青砖。Solid45 单元一般用于模拟三维实体结构，Solid45 单元包含 8 个节点，每个节点具有沿着 x、y、z 平动的 3 个独立自由度。Solid45 单元可定义 8 个结点的正交各向异性材料，其正交各向异性材料方向对应于单元坐标方向，如图 4-15 所示。

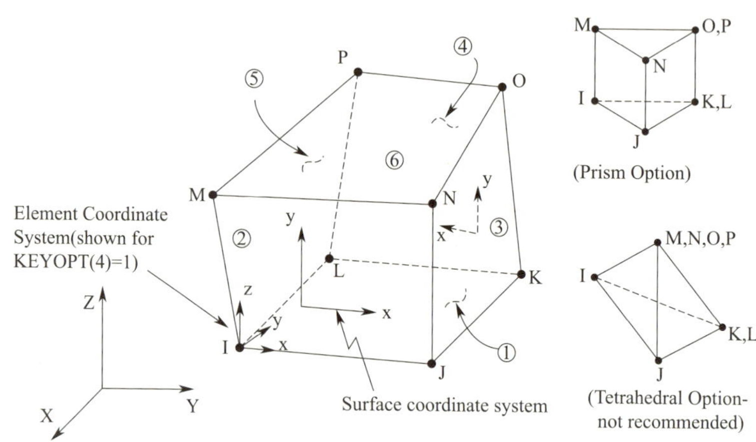

图 4-15　实体单元 Solid45

在建立高台基模型时，分别建立夯土以及砖块的部分，并分别赋予材料属性。为了确保木结构与高台基之间可以合理地连接，对高台基和木结构进行同样的网格划分，使得划分网格时高台基与木结构之间接触面有着相同尺寸的单元从而产生重合节点，利用节点合并使相应重合的节点进行合并来实现高台基与木结构之间的连接。高台体与台阶使用同样的方法连接。

按照上述方法建立西安鼓楼下部高台基的有限元模型如图 4-16 所示。

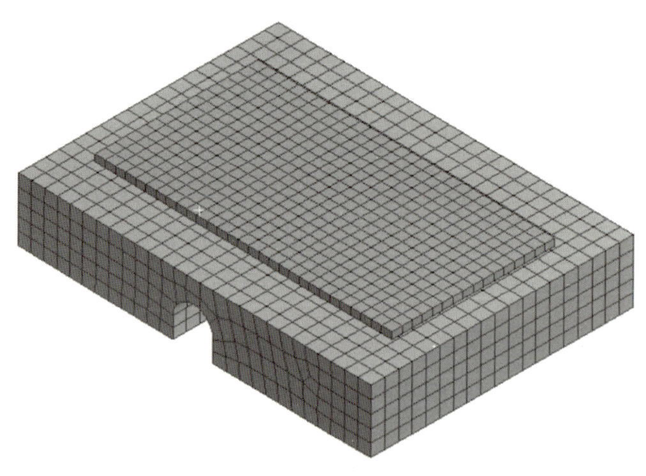

图 4-16　西安鼓楼下部高台基的有限元模型

4.2.3　西安鼓楼整体有限元模型的实现

西安鼓楼整体结构有限元模型的建立重点在于上部木结构和下部高台基的连接。根据前文的分析，本书采用 Combin14 弹簧单元来模拟柱础与木柱之间的相对滑移。高台基与地面之间的连接则定义为刚接，则西安鼓楼整体结构的有限元模型如图 4-17 所示。

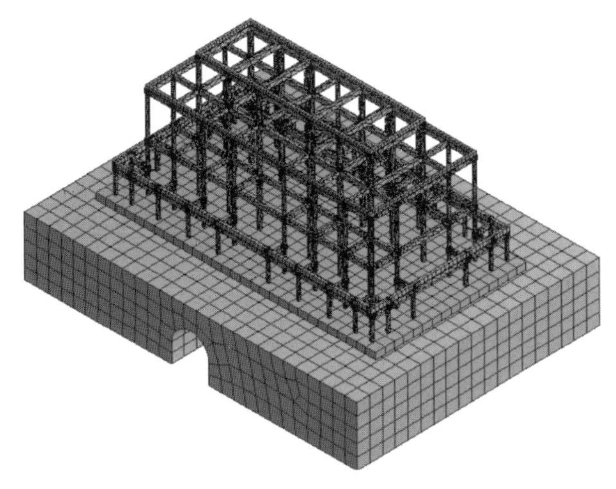

图 4-17　西安鼓楼整体有限元模型

4.3　西安鼓楼动力特性模拟

在对西安鼓楼有限元模型进行动力特性识别时，采用有限元模态分析分别对西安鼓楼上部木结构、下部高台基以及整体结构进行动力特性识别，通过对比 3 种模型的动力特性分析结果，分析高台基对西安鼓楼动力特性的影响。模态分析过程为[63]：

首先建立动态平衡方程：

$$[M]\{\ddot{x}\}+[C]\{\dot{x}\}+[K]\{x\}=\{P(t)\} \tag{4-9}$$

忽略阻尼和质量等外部因素的影响：

$$[M]\{\ddot{x}\}+[K]\{x\}=\{0\} \tag{4-10}$$

将结构在多自由度下的振动假定为简谐运动，则上式可以写成：

$$\{x(t)\}=\{\hat{x}\}\sin(\omega t+\theta) \tag{4-11}$$

上式中，$\{\hat{x}\}$ 为结构体系的形状，θ 是自由振动的相位角，对式（4-11）进行二次微分，则该自由振动下的加速度为：

$$\{\ddot{x}\}=-\omega^2\{\hat{x}\}\sin(\omega t+\theta)=-\omega^2\{x\} \tag{4-12}$$

将 $\ddot{x}$ 与 x（t）代入式(4-10）中，则式(4-10）可以写为：

$$-\omega^2[M]\{\hat{x}\}\sin(\omega t+\theta)+[K]\{\hat{x}\}\sin(\omega t+\theta)=\{0\} \tag{4-13}$$

消去正弦项（正弦项为任意），则上式为：

$$\{[K]-\omega^2[M]\}\{\hat{x}\}=\{0\} \tag{4-14}$$

根据 Crame 法则求解方程：

$$\{\hat{x}\}=\frac{\{0\}}{|[K]-\omega^2[M]|} \tag{4-15}$$

式中，$[K]$ 是刚度矩阵；$[M]$ 是质量矩阵；ω 为结构自振频率。

由式(4-15）可以看出，只有当 $|[K]-\omega^2[M]|=\{0\}$ 时，才能得到非平凡解。

$|[K]-\omega^2[M]|=\{0\}$ 为结构体系的频率方程，其中特征值为结构的自振频率，特征向量为结构的各阶振型。

4.3.1 上部木结构动力特性模拟结果

依据上述模态分析过程对木结构进行模态分析，提取上部木结构前十五阶的自振频率和前八阶振型。

（1）木结构自振频率

木结构自振频率及自振周期见表 4-7，图 4-18 为木结构自振频率变化趋势曲线。

上部木结构自振频率和自振周期 **表 4-7**

阶次	频率(Hz)	周期(s)
1	1.1050	0.9050
2	1.4520	0.6527
3	1.6790	0.6333
4	2.2350	0.4087
5	2.6860	0.3577

续表

阶次	频率(Hz)	周期(s)
6	3.3210	0.3011
7	3.6030	0.2775
8	3.7730	0.2650
9	3.7960	0.2634
10	3.8040	0.2629
11	3.8260	0.2614
12	3.8350	0.2608
13	3.9830	0.2511
14	3.9970	0.2502
15	4.1040	0.2437

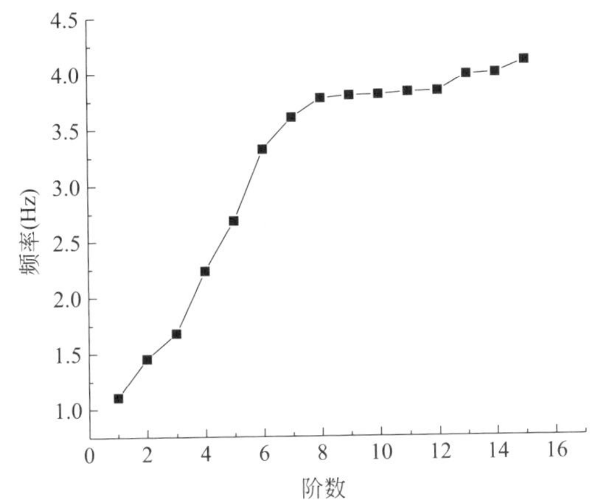

图 4-18 上部木结构自振频率变化趋势

(2) 上部木结构前八阶振型如图 4-19 所示。

4.3.2 下部高台基动力特性模拟结果

依据上述模态分析过程对高台基有限元模型模态分析，提取高台基的前十五阶自振频率及前八阶振型。

(1) 高台基自振频率

表 4-8 为高台基前十五阶自振频率，图 4-20 为自振频率变化趋势。

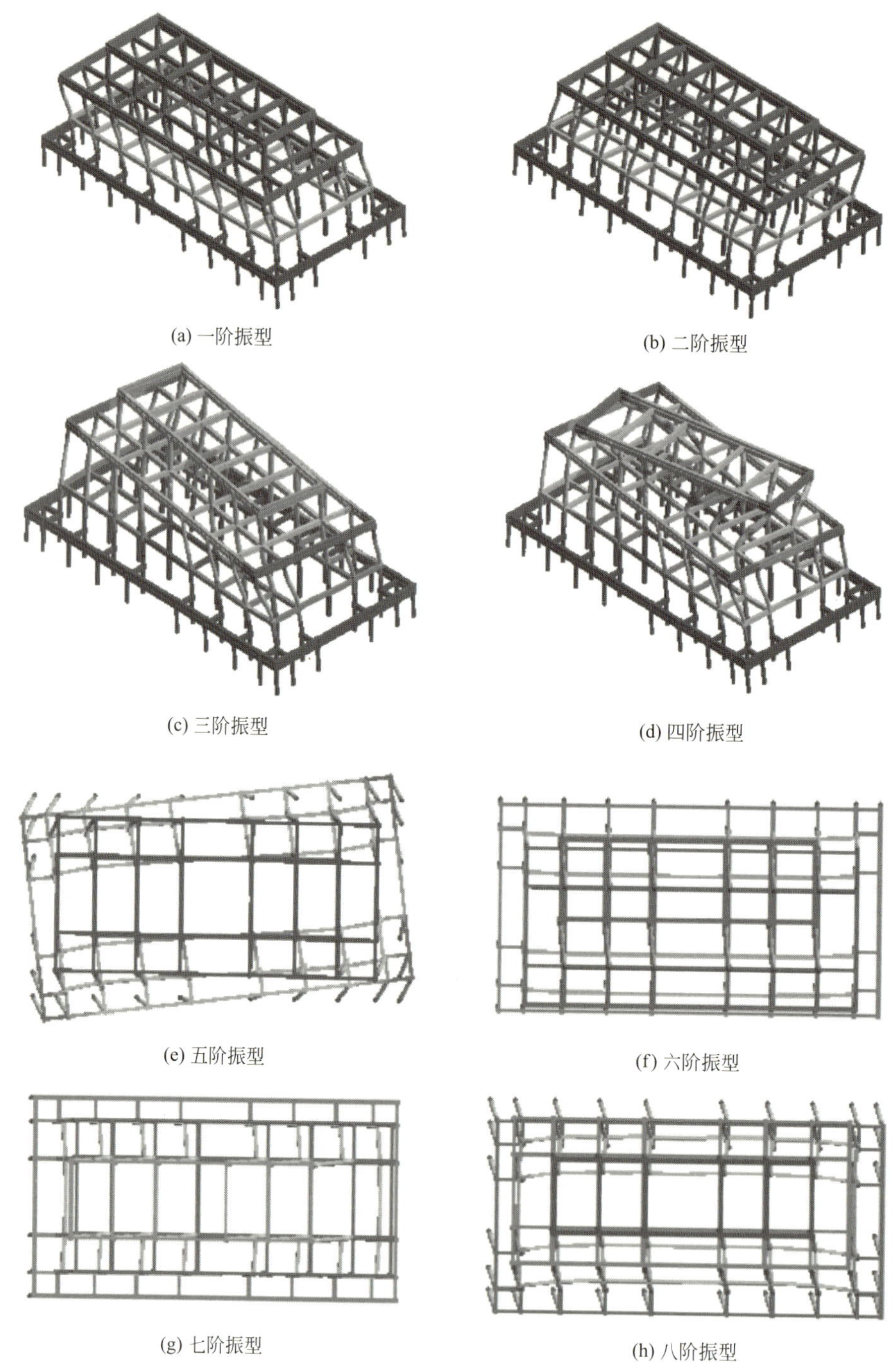

(a) 一阶振型
(b) 二阶振型
(c) 三阶振型
(d) 四阶振型
(e) 五阶振型
(f) 六阶振型
(g) 七阶振型
(h) 八阶振型

图 4-19　上部木结构前八阶振型图

高台基自振频率和自振周期　表 4-8

阶次	频率(Hz)	周期(s)
1	2.3218	0.4874
2	2.4624	0.4646
3	2.4987	0.4445
4	2.5326	0.4162
5	2.5978	0.4069
6	2.6627	0.3902
7	2.7300	0.3663
8	2.7720	0.3608
9	2.8876	0.3463
10	2.9705	0.3366
11	3.0052	0.3328
12	3.0777	0.3249
13	3.2210	0.3105
14	3.2708	0.3057
15	3.3145	0.3017

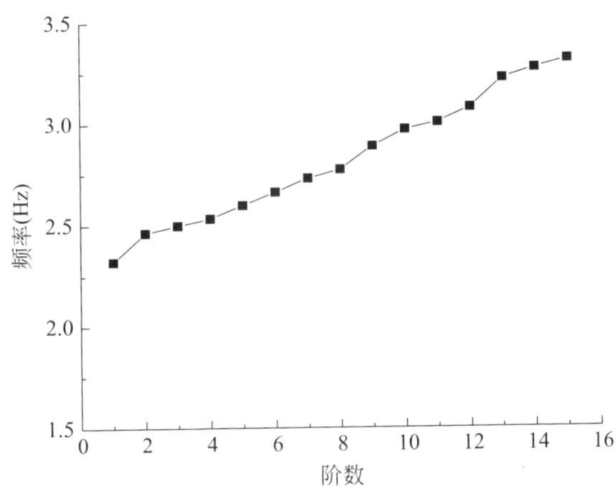

图 4-20　高台基自振频率变化趋势

（2）高台基前八阶振型图如图 4-21 所示。

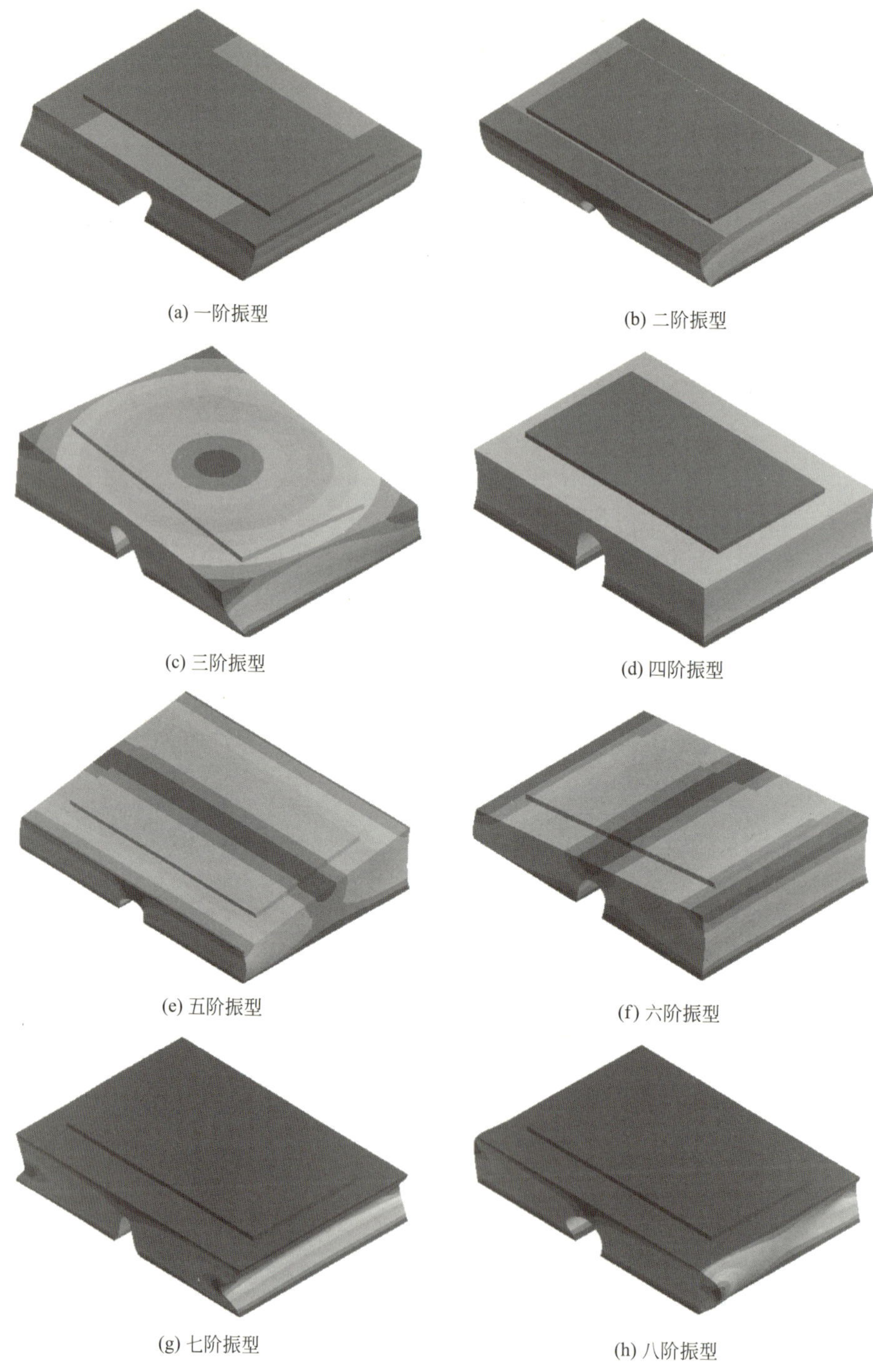

(a) 一阶振型

(b) 二阶振型

(c) 三阶振型

(d) 四阶振型

(e) 五阶振型

(f) 六阶振型

(g) 七阶振型

(h) 八阶振型

图 4-21 下部高台基前八阶振型图

4.3.3　整体结构动力特性模拟结果

依据上述模态分析过程对整体结构进行模态分析，提取整体结构前十五阶的自振频率和前八阶振型。

（1）整体结构自振频率

表 4-9 为整体结构的自振频率及自振周期，图 4-22 为频率变化趋势曲线。

整体结构自振频率和自振周期　　表 4-9

阶次	频率(Hz)	周期(s)
1	1.0584	0.9449
2	1.3511	0.7402
3	1.5020	0.6658
4	1.9164	0.5218
5	2.1780	0.4591
6	2.2413	0.4462
7	2.3378	0.4278
8	2.4269	0.4121
9	2.5068	0.3989
10	2.5750	0.3883
11	2.6280	0.3805
12	2.7570	0.3627
13	2.8869	0.3464
14	2.9133	0.3433
15	2.9467	0.3394

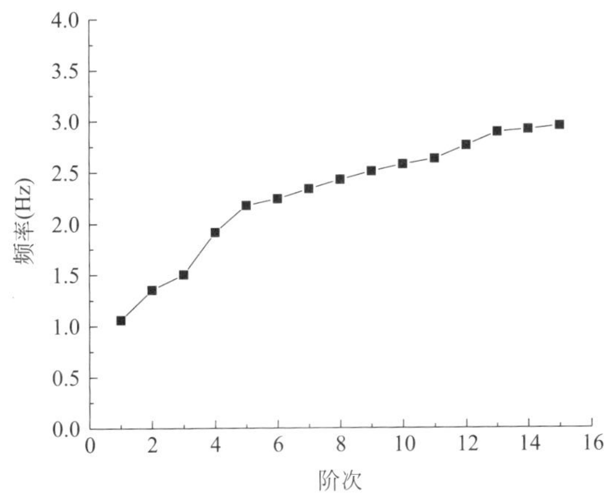

图 4-22　整体结构自振频率变化趋势

（2）上部整体结构前八阶振型图见如图 4-23 所示。

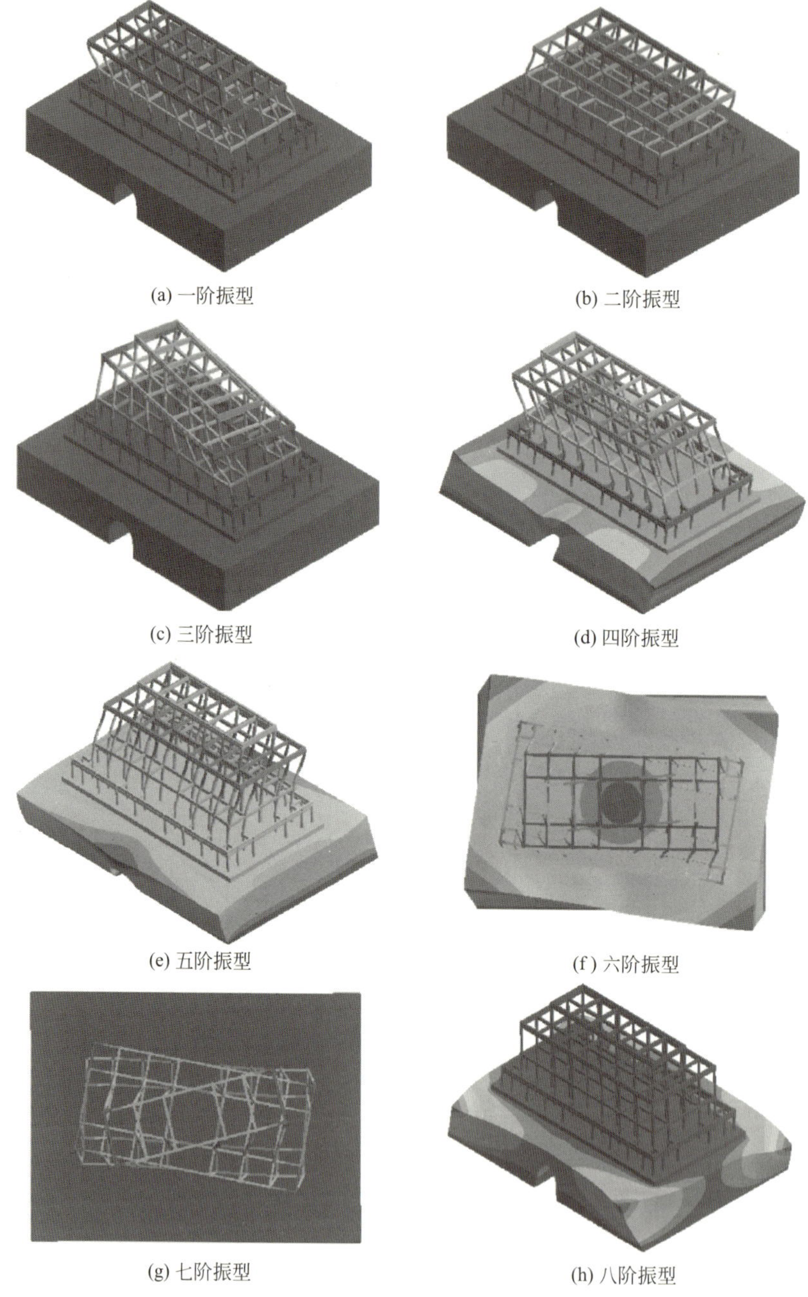

(a) 一阶振型　(b) 二阶振型　(c) 三阶振型　(d) 四阶振型　(e) 五阶振型　(f) 六阶振型　(g) 七阶振型　(h) 八阶振型

图 4-23　上部整体结构前八阶振型图

4.4　动力特性对比分析

依据上述木结构有限元模型数值模拟动力特性结果与前文实测分析结果进行对比，验证模型的准确性；并对 3 种模型的动力特性模拟结果进行对比，分析高台基对西安鼓楼动力特性的影响。

4.4.1　动力特性校核

(1) 自振频率

通过对比表 3-4 可知，测试结果中木结构东西向和南北向一阶自振频率分别对应数值模拟中的一阶和二阶自振频率，木结构东西向和南北向二阶自振频率分别对应数值模拟中的四阶和五阶自振频率，数值模拟和现场测试所得结构自振频率比较如表 4-10 所示。

木结构自振频率对比结果　表 4-10

阶次	方向	模拟结果	测试结果	误差率
一阶自振频率(Hz)	东西向	1.1050	1.2081	9.33%
	南北向	1.4520	1.5572	7.25%
二阶自振频率(Hz)	东西向	2.2350	2.3995	7.36%
	南北向	2.6860	2.7333	4.96%

通过表 4-10 可以看出，数值模拟结果得到的自振频率与实测结果相差较小，其误差在可接受范围内。数值模拟各阶频率均小于实测试结果，可能是因为在建模过程中没有考虑门窗以及隔墙等构件对整体结构提供的抗侧刚度的影响。这也在一定程度上说明了有限元模型的正确性。

(2) 振型

对比数值模拟结果与前文动力特性分析结果如图 4-24 所示。

从图 4-24 可知，有限元模拟结果与测试结果一致，其东西向与南北向的一阶振型均为两个方向的平动。

依据上述校核结果可知，通过有限元模拟西安鼓楼木结构的动力特性与振动测试结果相符，验证了本书有限元模型的准确性。

4.4.2　3 种模型模拟结果对比分析

为了分析高台基对西安鼓楼动力特性的影响，将 3 种模型的前十五阶频率以

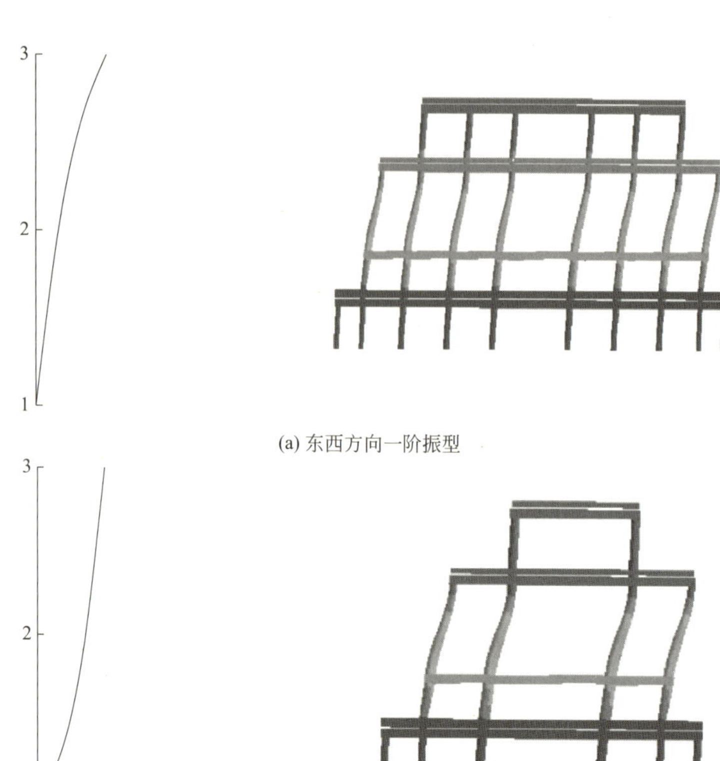

(a) 东西方向一阶振型

(b) 南北方向一阶振型

图 4-24　西安鼓楼木结构实测与模拟振型对比

及前八阶振型进行对比分析。其中 3 种模型自振频率对比结果如表 4-11 所示，自振频率变化趋势如图 4-25 所示。

3 种模型自振频率　　　　**表 4-11**

阶次	高台基(Hz)	木结构(Hz)	整体结构(Hz)
1	2.3218	1.1050	1.0584
2	2.4624	1.4520	1.3511
3	2.4987	1.6790	1.5020
4	2.5326	2.2350	1.9164
5	2.5978	2.6860	2.1780
6	2.6627	3.3210	2.2413

续表

阶次	高台基(Hz)	木结构(Hz)	整体结构(Hz)
7	2.7300	3.6030	2.3378
8	2.7720	3.7730	2.4269
9	2.8876	3.7960	2.5068
10	2.9705	3.8040	2.5750
11	3.0052	3.8260	2.6280
12	3.0777	3.8350	2.7570
13	3.2210	3.9830	2.8869
14	3.2708	3.9970	2.9133
15	3.3145	4.1040	2.9467

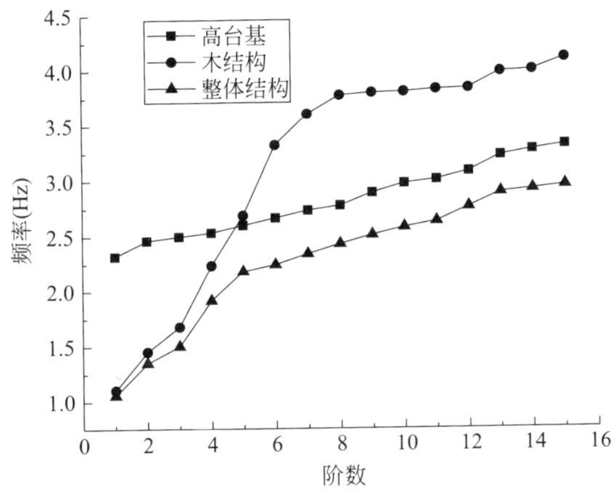

图 4-25　3 种结构自振频率变化趋势对比

从表 4-11 和图 4-25 中可以得到如下结论：

（1）木结构的前三阶自振频率相差不大，第三阶自振频率和第四阶自振频率相差较大，再往后也是每隔 2、3 阶后自振频率就相差较大，这说明木结构的自振频率分散性较强，表现不稳定。

（2）高台基相邻两阶自振频率差别不大，变化趋势相对比较稳定。

（3）整体结构自振频率的变化趋势介于高台基与木结构之间，其前四阶自振频率和木结构较为接近，从第五阶开始则更加接近于高台基。

对比 3 种模型的振型（图 4-19、图 4-21 和图 4-23）可以得到如下结论：

（1）木结构前两阶主要表现为东西向与南北向的平动，而二阶以后的振型主要为弯曲和扭转振动。

（2）高台基前两阶振型主要表现为两个方向的平动，二阶以后其他振型主要表现扭转振动。

（3）整体结构的前两阶振型表现为平动，三阶以后为扭转；其三阶振型与上部木结构的振型较为接近，从第四阶开始更加接近于高台基，这时高台基的振动会引起木结构也一起发生振动。即高台基会影响西安鼓楼的振型。

综上所述，高台基的存在会影响西安鼓楼的动力特性，因此在分析西安鼓楼的动力性能时不能忽略高台基的影响。

4.5 本章小结

本章利用 ANSYS 有限元软件建立了西安鼓楼上部木结构、下部高台基以及整体结构的有限元模型，并通过模态分析得到了各结构下的动力特性。具体研究结果如下：

（1）根据西安鼓楼的建筑结构特点，利用 ANSYS 软件分别建立了西安鼓楼上部木结构、下部高台基及整体结构的有限元模型。

（2）通过对西安鼓楼下部高台基模型、上部木结构以及整体结构进行模态分析，得到了 3 种不同结构的前十五阶自振频率与前八阶振型；其中高台基的前十五阶自振频率在 2.3218～3.3145Hz 之间，木结构的前十五阶自振频率在 1.1050～4.1040Hz 之间，整体结构的前十五阶自振频率在 1.0584～2.9467Hz 之间；3 种结构下的前两阶振型均表现为平动，二阶以后的振型则主要表现为扭转和弯曲。

（3）通过动力特性的校核，有限元模拟结果与现场测试结果相符，验证了有限元模型的正确性。

（4）通过对西安鼓楼上部木结构、高台基及整体结构动力特性进行对比分析发现整体结构前四阶自振频率和上部木结构自振频率较为接近，而从第五阶自振频率开始则更加接近于下部高台基的频率；整体结构的前三阶振型以木结构的振动为主，从第四阶振型开始则更加接近于高台基。以上说明了高台基的存在会影响西安鼓楼的动力特性。

第 5 章
地铁振动激励下西安鼓楼动力响应分析

随着社会经济的发展，我国正掀起一股地铁修建的热潮，并且有愈演愈烈之势，地下轨道交通已逐渐被作为缓解城市交通拥堵、降低废气污染等问题的重要措施。城市轨道交通节省了城市地面空间、舒缓了地面行车交通压力，但给居民及社会带来便利的同时，也碰到了诸多安全、环保问题，隧洞施工期及运营期引起的环境振动、地表路面变形、周边建筑物坍塌、倾斜等，同时，沿线的文物建筑在地铁往复荷载作用下易引起结构的疲劳破坏，从而降低其整体刚度和整体承载力。本章以西安鼓楼为研究对象，通过有限元数值模拟的方法，深入研究西安鼓楼在地铁六号线运行下的动力响应，并依据国家相关规范对其进行振动评估，为六号线的选线及西安鼓楼延寿保护提供理论依据。

5.1 地铁振动荷载的分析

在用有限元软件研究建筑物在地铁振动下的动力响应时，首要问题就是如何准确的模拟地铁在行驶过程中的荷载。目前针对列车荷载的获取，主要是通过理论计算和现场实测的方法来获得。本书主要是通过理论和经验相结合的方法对地铁荷载进行分析。

5.1.1 地铁振源的研究

地铁振动荷载产生的原因主要是由于车轮与轨道之间的相互作用。由于地铁振动系统较为复杂，因此在研究列车荷载时需要对其进行简化处理，针对列车荷载主要有以下几种处理方式[13]：

（1）弹性地基梁模型

弹性地基梁模型可以分为 Euler 梁或 Timoshenko 梁。它们的区别在于是否考虑梁的转动惯性矩和剪切刚度，Timoshenko 梁考虑了这一点。因此，选用 Timoshenko 梁模型研究轨道结构的动力性能比较合理，而 Euler 梁则更适合分析列车振动对环境的影响，它可以通过解析方法获得列车作用到地基上的荷载[64-67]。

（2）经验分析模型

英国铁路技术中心研究表明[68]，引起竖向轮轨作用力的主要原因是由于轨道和钢轨的不平顺；李良、胡宗允等[69,70] 研究结果表明：地铁振动激励可以利用一个包括静荷载和动荷载的激励函数模拟，其表达式为：

$$F(t)=P_0+P_1\sin\omega_1 t+P_2\sin\omega_2 t+P_3\sin\omega_3 t \tag{5-1}$$

其中：P_0 为车轮静荷载；P_1、P_2、P_3 分别对应钢轨振动时典型矢高 α_i 所对应的荷载峰值；t 为荷载作用时间。

假定列车簧下质量（非由悬挂系统支撑的重量）为 M_0，则其相应荷载幅值可表示为：

$$P_i=M_0 a_i \omega_i^2 \tag{5-2}$$

其中：ω_i 为在车速为 v_i 时，其对应条件下不平顺振动的波长 L_i 所对应的圆频率，其表达式为：

$$\omega_i=\frac{2\pi v_i}{L_i}(i=1,2,3) \tag{5-3}$$

其中：v_i 是列车运行时的速度，L_i 为列车运行的典型波长。

（3）车辆-轨道耦合模型（图 5-1）

车辆-轨道耦合系统中车辆参数较多，为了使计算简便化，一般可以将列车振源简化为下列几种荷载形式[71]：

1）由于列车匀速行驶时轮轴产生的荷载，将其定义为拟静态荷载。

2）由于列车车轮与不平顺轨道之间相互作用产生的荷载，由于轨道不平顺的随机性，因此将此荷载定义为随机荷载。

3）由于列车车轮与轨道之间接触时产生的瞬态荷载，将其定义为动荷载。

夏禾、刘维宁、王逢朝等[72,73] 通过轮轨关系总结出了较为合理的列车动力分析模型。他们认为运行列车的移动轴重对下部路基的竖向激扰比横向大得多，因此在研究时可以忽略横向的振动。在考虑列车与轨道对称的情况下，可以只取其中的一半作为分析对象。

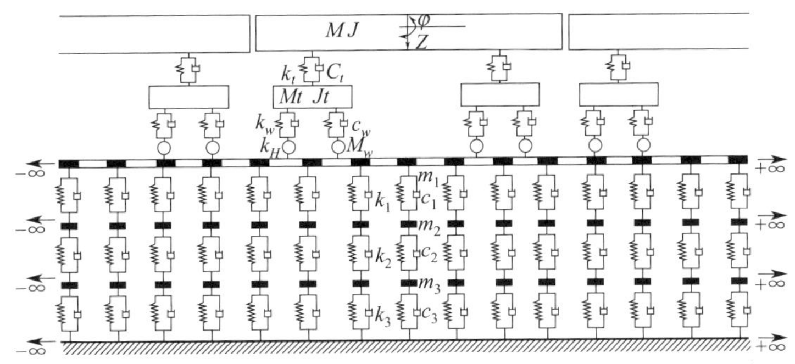

图 5-1 车辆-轨道耦合模型示意图

5.1.2 地铁荷载模拟

本书按照英国经验模型进行列车荷载的模拟，其中典型不平顺振动波长和相应的矢高为[74]：

$L_1=10$m，$\alpha_1=3.5$mm；$L_2=2$m，$\alpha_2=0.4$mm；$L_3=0.5$m，$\alpha_3=0.08$mm。

西安地铁六号线拟采用 B2 型车，正常情况下其单个车轮所受荷载为 70000N，则根据式(5-1)，可以得到列车在不同行驶速度下的荷载值为：

当 $v=20$km/h 时：

$$F(t)=70000+32.0\sin 3.49t+91.3\sin 17.44t+292.1\sin 69.8t \tag{5-4}$$

当 $v=40$km/h 时：

$$F(t)=70000+127.8\sin 6.98t+365.2\sin 34.89t+1168.5\sin 139.56t \tag{5-5}$$

当 $v=60$km/h 时：

$$F(t)=70000+287.6\sin 10.47t+821.6\sin 52.33t+2629.2\sin 209.33t \tag{5-6}$$

当 $v=80$km/h 时：

$$F(t)=70000+511.2\sin 13.96t+1460.7\sin 69.78t+4674.2\sin 279.11t \tag{5-7}$$

根据上述表达式，在 MATLAB 软件中编制相应程序，得到列车在不同行驶速度下的荷载时程曲线及频谱曲线，如图 5-2 所示。

由图 5-2 可知，列车荷载与车速呈正相关关系，车速在 20km/h 时，荷载最大幅值为 70.4kN 左右，车速在 40km/h 时，荷载最大幅值为 71.5kN，车速在 60km/h 时，荷载最大幅值为 73.5kN 左右，车速在 80km/h 时，荷载最大幅值

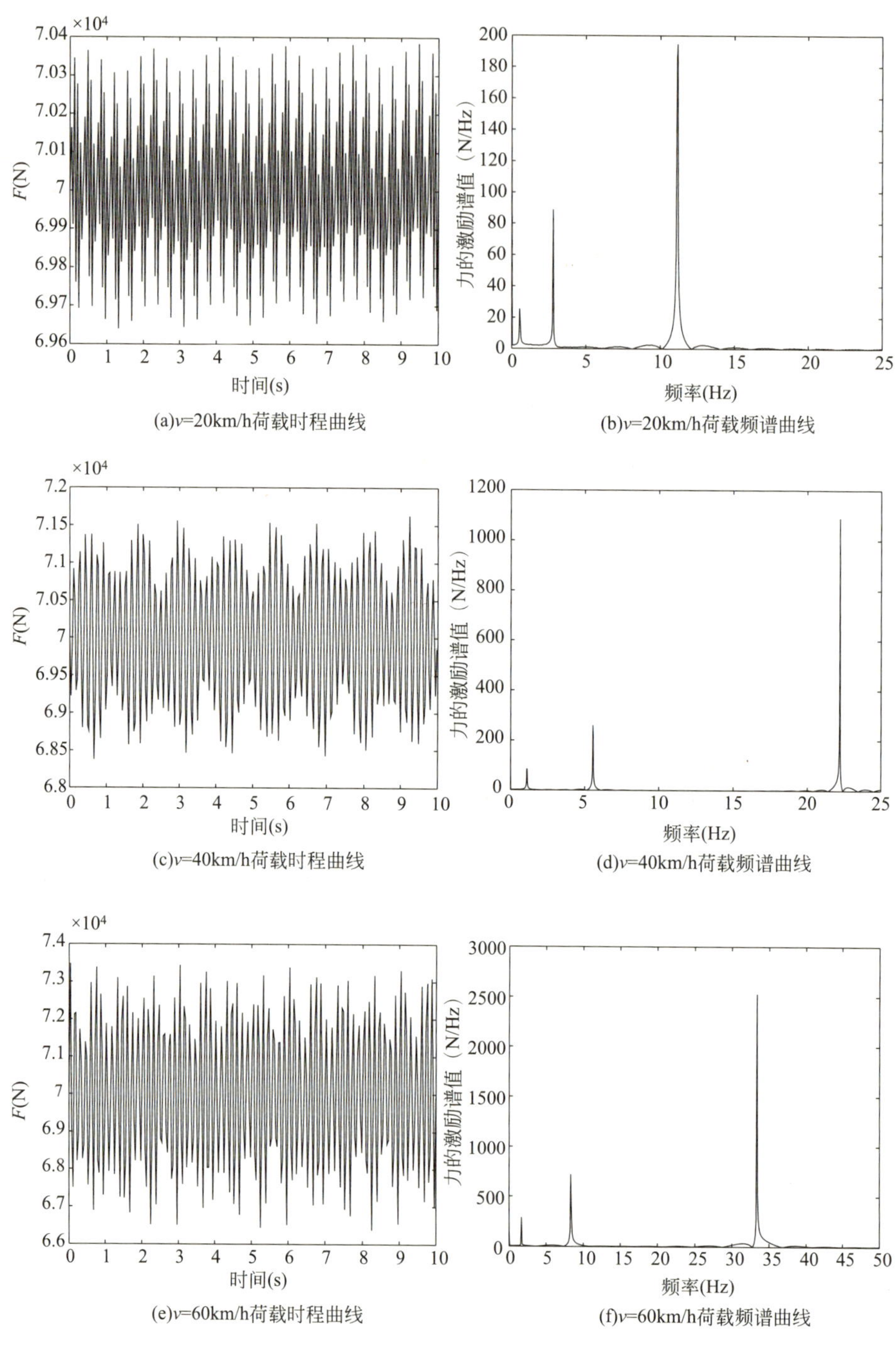

(a)v=20km/h荷载时程曲线

(b)v=20km/h荷载频谱曲线

(c)v=40km/h荷载时程曲线

(d)v=40km/h荷载频谱曲线

(e)v=60km/h荷载时程曲线

(f)v=60km/h荷载频谱曲线

图 5-2　各车速下荷载时程曲线及频谱曲线（一）

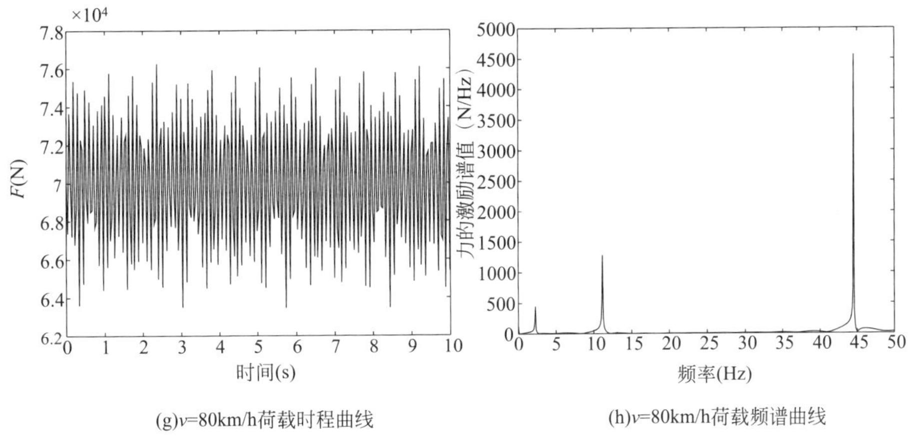

(g)v=80km/h荷载时程曲线

(h)v=80km/h荷载频谱曲线

图 5-2　各车速下荷载时程曲线及频谱曲线（二）

为 76.3kN 左右。列车时速每增加 20km/h，荷载增加约 2kN 左右；从频谱曲线可以看出，随着车速的增加，荷载频谱幅值有分散后移的趋势，这是因为车速的增加导致车轮与轮轨间相互作用变得强烈所造成的。

5.2　土体-结构有限元模型的实现

在采用数值模拟的方法研究地铁振动对建筑物的影响时，合理的建立土体-结构的有限元模型是非常重要的。在建立土体-结构的整体有限元模型时，土体模型的边界条件以及土体模型的尺寸等参数对分析结果有较大的影响。本节依据土体-结构有限元模型的特点以及西安鼓楼场地土体的性质，再结合前文建立的西安鼓楼整体结构有限元模型，最终建立土体-结构有限元模型。

5.2.1　场地土体动力参数

土体在动荷载作用下的性能与其在静荷载作用下的性能有着明显的区别，其在动荷载作用下影响因素更多，包括土体的粒径、含水率、密度和孔隙比等。文献［7］表明，土体在荷载作用下有两种位移幅值的变化。一种是小于 10^{-6} 的小应变情况，此时土体应变较小，土颗粒之间的连接基本没有损坏，可以忽略阻尼的影响，将土体可以近似看为理想弹性材料；另一种是大应变情况，此时土体由于变形较大，土颗粒之间的连接可能已经失效。当土体应变在 $10^{-4}<\varepsilon<10^{-2}$

时可以将其近似为弹塑性材料；当土体应变在超过 10^{-2} 时，此时土体将会被破坏产生液化、压密的现象。地铁振动造成的土体应变 ε 一般小于 10^{-6}，因此可以忽略阻尼的影响，将土体性质认为是弹性性质。

土体的动力特性在小应变幅（$\varepsilon<10^{-6}$）的情况下，主要是研究土的刚度系数、弹性模量、剪切模量、阻尼和泊松比等，其中场地土体的动弹性模量 E_d、动剪切模量 G_d、动泊松比 γ_d 可以通过剪切波速与压缩波速之间的关系表示[13]：

土体的动剪切模量：

$$G_d=c_s^2\cdot\rho \tag{5-8}$$

其中：ρ 为土体介质密度，c_s 为土体介质剪切波波速。

文献［75］通过对郑西客运专线黄土地基进行动、静力学试验得到了黄土的剪切波波速和压缩波波速之间关系为：

$$c_p=kc_s^{\alpha} \tag{5-9}$$

动弹性模量和动泊松比为[75]：

$$E_d=\rho C_s^2\frac{3(C_p/C_s)^2-4}{(C_p/C_s)^2-1} \tag{5-10}$$

$$\nu_d=\frac{(C_p/C_s)^2-2}{2(C_p/C_s)^2-2} \tag{5-11}$$

西安鼓楼场地土物理力学参数参照文献［13］给出的同位置下西安钟楼场地土物理力学参数，将西安鼓楼土层按照性质简化为6层，具体场地土体动力参数如表5-1所示。

西安鼓楼场地土体动力参数 **表5-1**

地层编号	土层厚度(m)	密度(kg/m^3)	剪切波速(m/s)	压缩波速(m/s)	动剪切模量(MPa)	动泊松比	动弹性模量(MPa)
1	4.5	1780	162.8	259.4	47	0.175	110
2	2.5	1790	244.6	386.7	107	0.166	249
3	4.5	2040	291.7	459.6	174	0.163	403
4	3.5	2030	343.5	539.4	239	0.159	555
5	6.0	2020	325.2	511.3	214	0.160	495
6	>6.0	2060	361.1	566.6	269	0.158	622

5.2.2 土体模型边界尺寸

在对土体-结构模型进行动力响应分析时，由于软件的局限性，只能选取有限范围内的场地土。当建立的土体模型较大时，虽然可以提高计算的精度，但是对计算资源的要求也会提高，并且会大幅度增加计算的时间；当建立土体模型尺寸较小时，虽然会加快计算的时间，但也会降低模拟结果的精度，使得误差变大。因此，如何合理地选取土体模型的尺寸是一个很重要的问题。

申跃奎[76] 认为计算模型范围的大小应该依据振动能量的量级来确定；沈霞[77] 建立不同土层横向宽度与竖向厚度的模型，通过对土体-结构相互作用下结构的自振频率与动力响应分析，发现当土体有限元模型的水平范围为土层厚度的 3 倍以上，竖向范围取土层厚度的 2/3 以上时，分析结果与真实值较接近；杨永斌[78] 通过对地面高速列车造成的土体振动分析，发现当土体计算模型的宽度和深度取剪切波波长的 1～1.5 倍时，计算结果与实际较为接近；张宝才[79] 通过边界条件的固定，分析了不同土体宽度和深度模型下结构的自振周期变化，发现当土体模型的宽度大于 15 倍的隧道直径，深度达到 7 倍的隧道埋深时，模型的自振周期更加接近真实值。孟昭博[13] 采用弹簧-阻尼单元来模拟不同深度时地面竖向速度的对比发现，当计算模型深度取大于 10 倍的隧道直径时，地面振动较稳定。

通过考虑以上因素，最终选取西安鼓楼场地土体的模型尺寸为 200m×200m×60m。

5.2.3　土体动力边界条件

凡是涉及土体的有限元计算模型，在选取土体边界尺寸时不可能以无限大来研究，只能选取有限的土体来进行分析。但当建立有限的土体模型时，就会忽略掉真实情况下无限场地土的辐射阻尼，导致振动波在传递至土体边界时发生反射，从而影响计算的精度。因此在由有限元模型研究振动引起建筑物的动力响应问题时，必须人为地设置边界条件消除掉振动波反射的影响。在设置人为边界条件时，不仅要考虑所选土体的边界条件类型，还要考虑到土体的材料特性、阻尼特性以及所研究振动波的波速以及持续时间等因素。

目前常见的人工边界主要由以下 3 种[80]：

（1）远置人工边界：是采用固定边界（自由边界）的方法，这种边界条件对于传来的振动波既不传播也不消耗。

（2）透射边界：依据单向波动的运动学特征，设置的离散式的人工边界。

（3）粘弹性边界：通过在土体边界设置阻尼器，吸收传递过来的振动波能量。

在这 3 种边界里，粘弹性边界人工边界对散射波场的假定更符合实际情况。因此本书在建模时采用粘弹性边界。粘弹性边界阻尼器的阻尼力可表示为：

$$F_x=\rho V_S\dot{u}_x\bar{A} \tag{5-12}$$

$$F_y=\rho V_S\dot{u}_y\bar{A} \tag{5-13}$$

$$F_z=\rho V_P\dot{u}_z\bar{A} \tag{5-14}$$

式中，$\bar{A}$ 为边界单元所对应的面积；$\dot{u}_x$、$\dot{u}_y$、$\dot{u}_z$ 为边界节点法向以及切向速度；ρ 为土体密度；V_P、V_S 分别为土体介质的 P 波和 S 波。

本书采用粘弹性边界来实现土体的动力边界，其中阻尼器的刚度系数依据传播场中的地基反力系数来确定，其阻尼系数为：

法向边界：
$$C_{ni}=c_{pi}A_i \tag{5-15}$$

切向边界：
$$C_{\tau i}=c_{si}A_i \tag{5-16}$$

式中，c_{pi} 为场地土各土层剪切波阻尼常数；c_{si} 为场地土各土层压缩波阻尼常数；A_i 为边界点 i 的单元面积。

各土层单位面积的阻尼常数 c_{si} 和 c_{pi} 可按下式计算：

$$c_{pi}=\rho_i\sqrt{\frac{\lambda+2G}{\rho_i}} \tag{5-17}$$

$$c_{si}=\rho_i\sqrt{\frac{G}{\rho_i}} \tag{5-18}$$

式中：$\lambda=\dfrac{\nu E}{(1+\nu)(1-2\nu)}$；$G=\dfrac{E}{2(1+\nu)}$；$\rho_i$ 为材料密度；ν 为泊松比；E 为弹性模量。

5.2.4 阻尼特性

阻尼是振动系统中不可缺少的一个参数，本书采用瑞利阻尼来模拟传播场中土体的阻尼特性[81]。其表达式为：

$$[C]=\alpha[M]+\beta[K] \tag{5-19}$$

其中，α、β 为瑞利阻尼常数，其表达式为：

$$\alpha=\frac{2w_i w_k\xi}{w_i+w_k} \tag{5-20}$$

$$\beta=\frac{2\xi}{w_i+w_k} \tag{5-21}$$

其中，ξ 为体系阻尼，w_i、w_k 为体系两个模态自振频率。

依据上述算法，本书最终得到 $\xi=0.03$。

依据以上对西安鼓楼场地土体模型的简化，结合前文建立的西安鼓楼整体结

构的有限元模型最终建立土体-结构有限元模型，如图 5-3 所示。

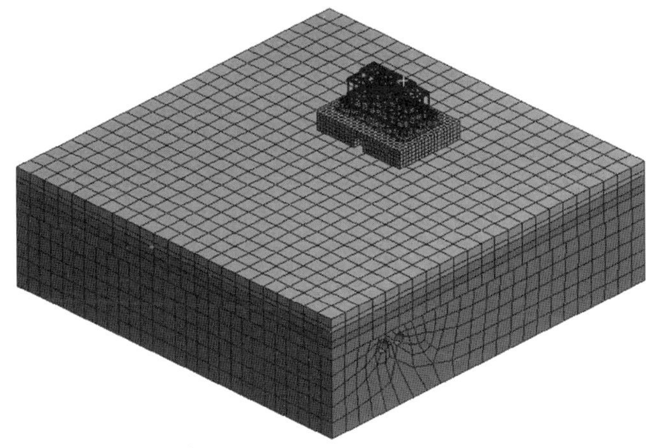

图 5-3　土体-结构整体有限元模型

5.3　西安鼓楼动力响应分析

本节取西安地铁六号线单隧道，以列车时速为 60km/h 时的振动作为外部激励为例，分析在此情况下西安鼓楼的动力响应，拾振点的选取分别为：选择在隧道同侧的高台基底部和顶部节点作为拾振点 1 和 2；分别选取西安鼓楼木结构一层底、二层底和三层通柱顶节点作为拾振点 3、4、5 进行分析，如图 5-4 所示。提取各测点水平向和竖直向加速度时程曲线如图 5-5 所示（由于南北向为西安鼓楼薄弱方向，下文分析中的水平向指南北向）。

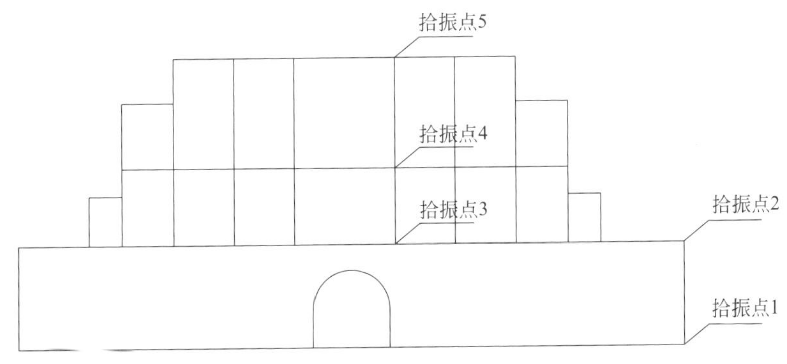

图 5-4　各拾振点位置

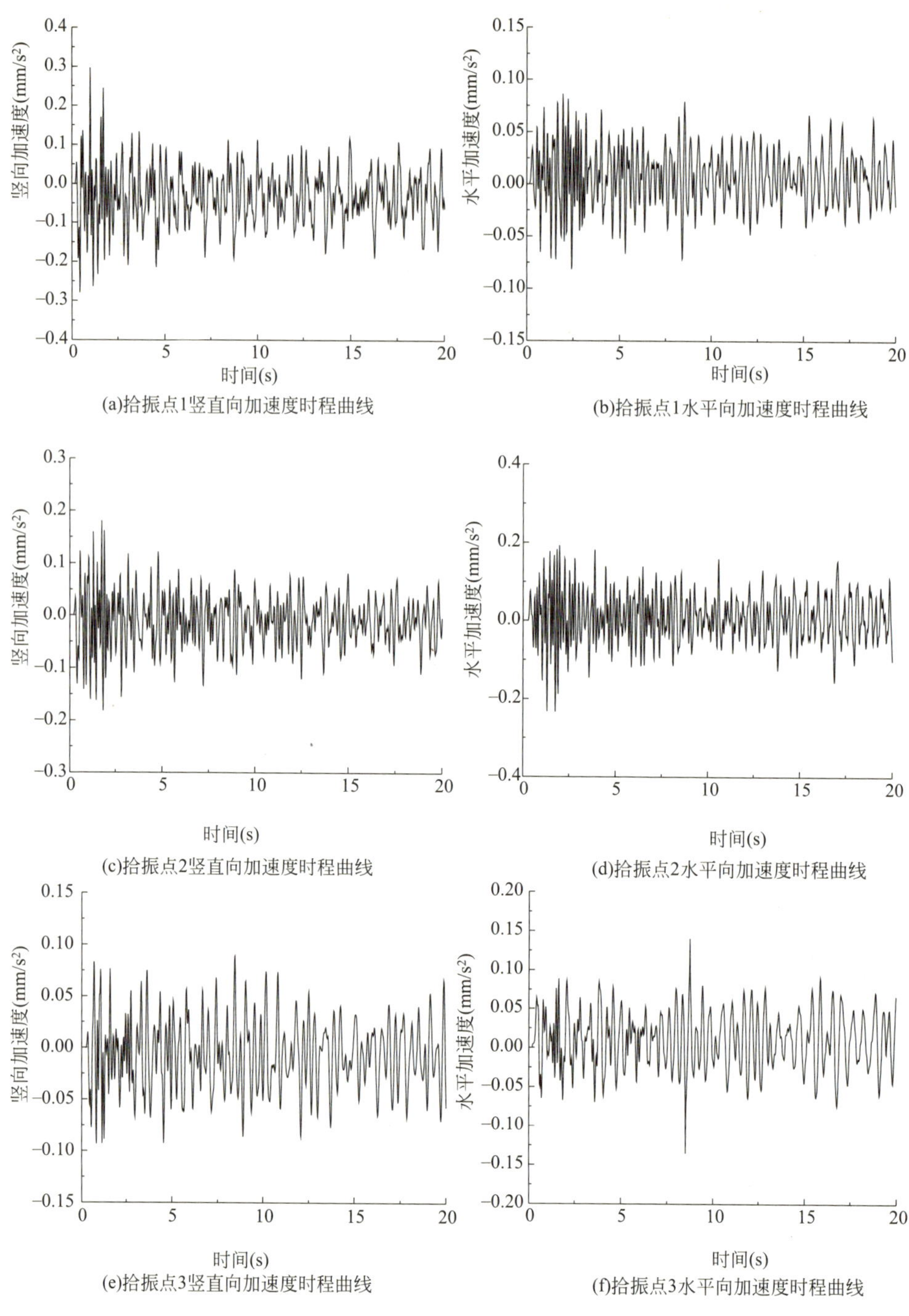

图 5-5 各拾振点水平向、竖直向加速度时程曲线（一）

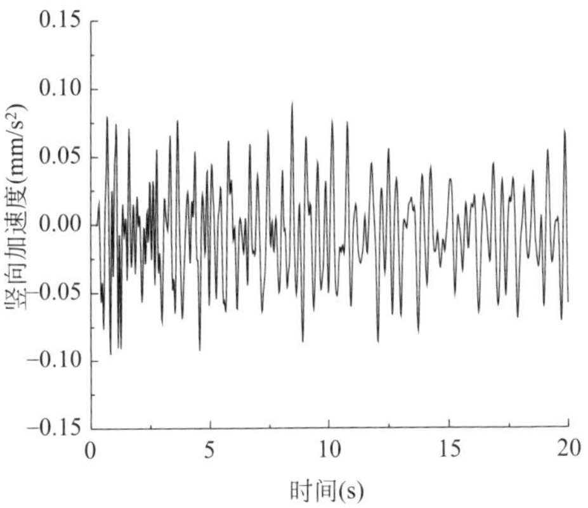

(g)拾振点4竖直向加速度时程曲线

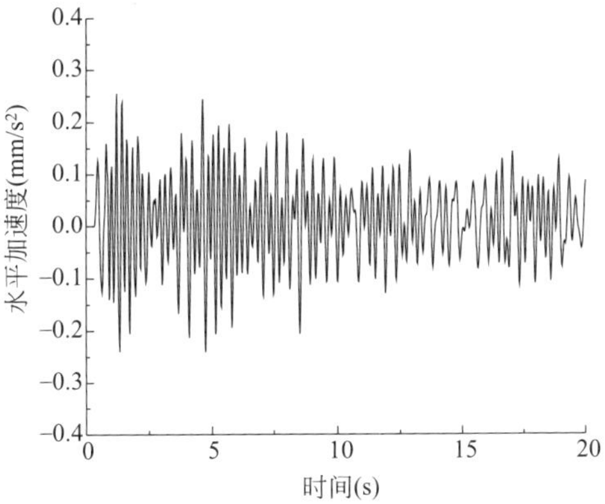

(h)拾振点4水平向加速度时程曲线

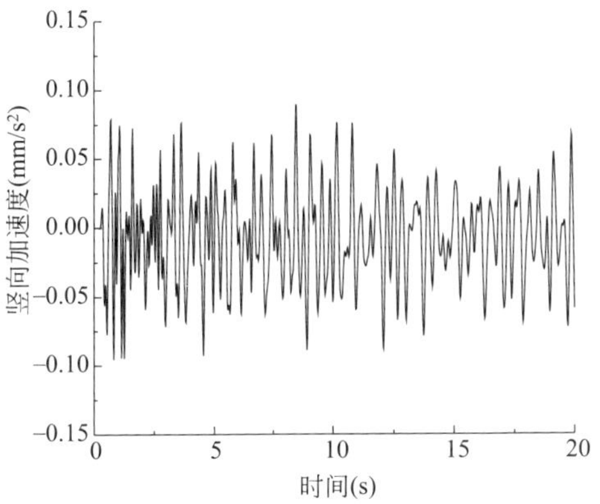

(i)拾振点5竖直向加速度时程曲线

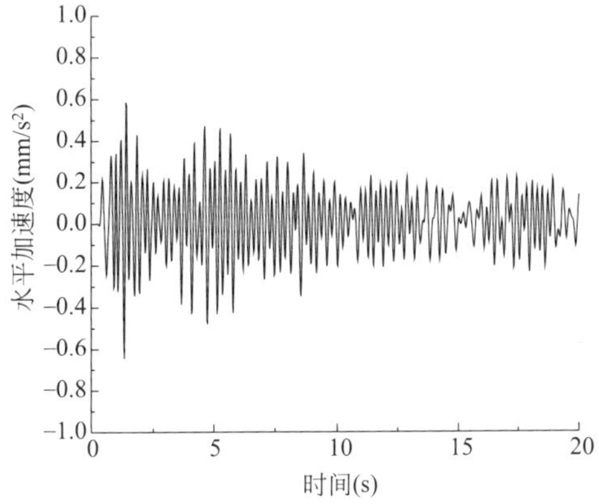

(j)拾振点5水平向加速度时程曲线

图 5-5　各拾振点水平向、竖直向加速度时程曲线（二）

从图 5-5 可以看出：

（1）对比拾振点 1 和拾振点 2 的竖向加速度时程曲线，当振动经高台基传递至拾振点 2 时，拾振点 2 竖向加速度幅值出现明显衰减的情况，而水平加速度幅值则显著增加。

（2）振动从拾振点 2 传递至拾振点 3 时，拾振点 3 的竖向加速度幅值和水平加速度幅值都有一定的衰减，即振动在高台基顶面传播时会随着距离的增加而衰减，并且竖向振动响应衰减速度较快。

（3）对比拾振点 3、4、5 的加速度时程曲线，可以看出随着木结构高度的增加，竖向加速度幅值有轻微放大的趋势，水平加速度幅值则出现显著放大的现象。

综上所述，高台基对于水平振动幅值和竖向加速度均有显著的放大效果；上部木结构对于竖向加速度幅值有轻微放大的效果，对于水平加速度幅值放大效果较明显。

5.4 地铁六号线不同运行模式下西安鼓楼的动力响应分析

地铁在不同运行模式下引起的振动强度是不同的，本节主要对地铁六号线以不同速度运行以及单双线运行时造成的西安鼓楼的动力响应进行分析。

5.4.1 不同速度单线运行分析

根据 5.1.2 节可知，运行速度不同时产生的荷载有很大差别，从而产生的结构振动也会存在较大的差异。因此本节主要讨论六号线单线运行时，不同列车速度对西安鼓楼的动力响应情况。当地铁六号线分别以 20km/h、40km/h、60km/h、80km/h 通过时，西安鼓楼各测点的动力响应情况如图 5-6 所示（其中水平向表示南北向）。

由图 5-6 可知，当地铁六号线单线运行时：

（1）高台基对竖向加速度幅值具有明显的衰减效果，对于竖向速度幅值具有轻微的放大作用，其中竖向速度幅值与地铁行驶速度呈负相关关系，竖向加速度幅值与地铁行驶速度呈正相关关系；振动在高台基顶面传播时竖向加速度幅值和竖向速度幅值均随着距离的增加而减小，且各车速下减小趋势较一致；上部木结构对于竖向加速度幅值和竖向速度幅值有放大的趋势，放大作用不是很明显，并且上部木结构对于各车速竖向加速度和竖向速度的放大趋势基本相同；上部木结构的竖向速度幅值与地铁行驶速度呈负相关关系，竖向加速度幅值与地铁行驶速度呈正相关关系。

（2）高台基对水平加速度幅值具有明显放大作用，并且水平加速度幅值与地铁行驶速度呈现正相关的关系；高台基对水平速度幅值也有放大的趋势，各速度下（除 40km/h 外）的放大趋势基本相同；在高台基顶面水平向加速度幅值和水平向速度幅值均随着距离的增加而减小，且各车速下减小趋势较一致；上部木结构的水平加速度幅值和水平速度幅值与结构高度呈正相关关系；并且水平加速度幅值和水平速度幅值（除 $v=40$km/h 外）与地铁行驶速度呈现正相关关系。在

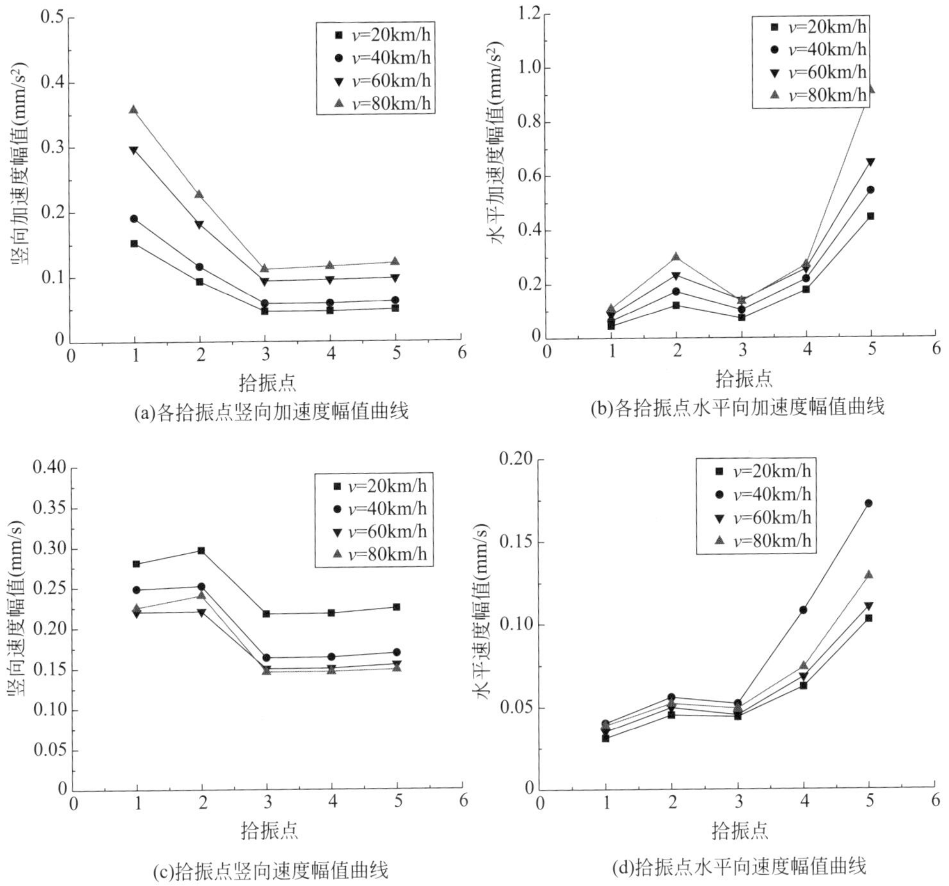

(a)各拾振点竖向加速度幅值曲线

(b)各拾振点水平向加速度幅值曲线

(c)拾振点竖向速度幅值曲线

(d)拾振点水平向速度幅值曲线

图 5-6　各拾振点振动幅值曲线

列车行驶速度为 40km/h 时，拾振点 5 达到最大水平速度幅值为 0.1719mm/s。

5.4.2　不同速度双线运行分析

在进行地铁振动对建筑物的影响分析时，过往学者多采用平面模型或者单隧道的半模型来分析。但在实际线路中地铁线路多为双线，如果仅取单隧道的模型则会忽略了另一条隧道的振动影响，与实际不符。

本小节在 5.4.1 节的基础上，分析地铁六号线以双线运行的方式时西安鼓楼的动力响应情况。地铁六号线双线运行时西安鼓楼各测点动力响应情况如图 5-7 所示。

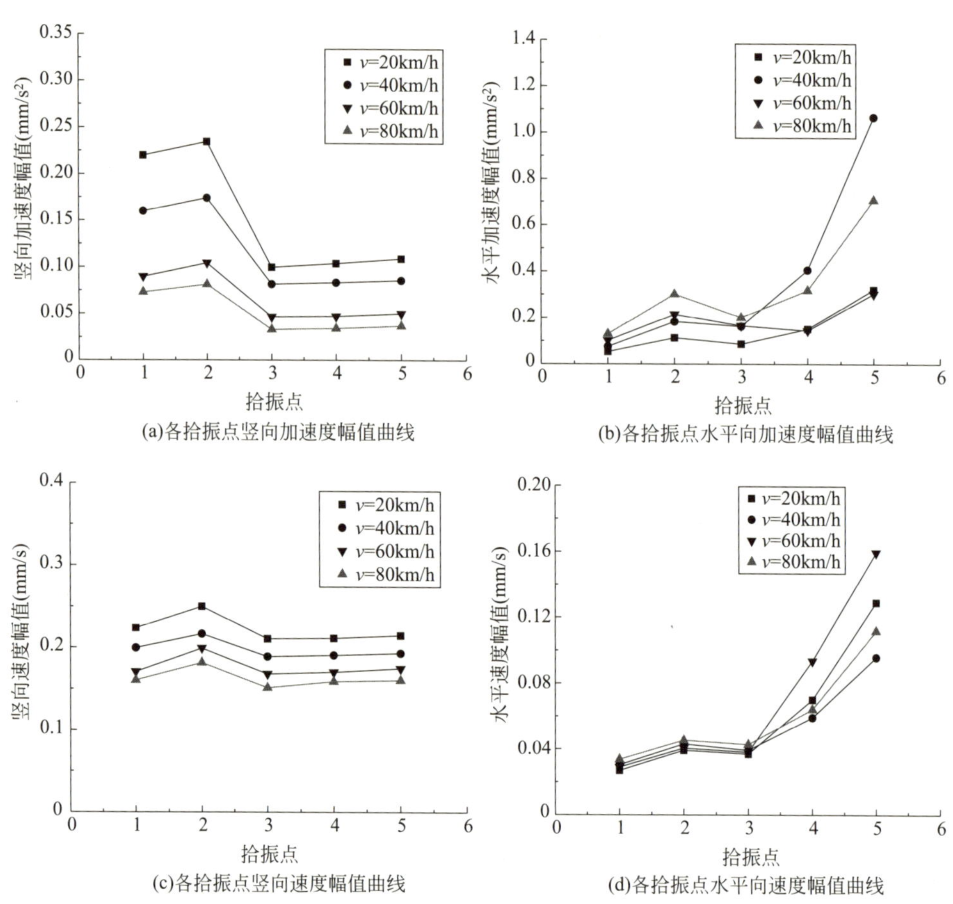

图 5-7 各拾振点振动幅值曲线

由图 5-7 可知，当地铁六号线以双线运行时：

（1）高台基对竖向加速度幅值与竖向速度幅值均具有轻微的放大效果，并且竖向加速度幅值与竖向速度幅值均与地铁行驶速度呈负相关关系；在高台基顶面竖向加速度幅值和竖向速度幅值均随着距离的增加而减小，且各车速下减小趋势较一致；上部木结构对于竖向加速度幅值和竖向速度幅值有轻微放大的趋势，并且上部木结构对于各车速竖向加速度和竖向速度的放大趋势基本相同。

（2）高台基对水平加速度幅值和水平速度幅值均具有放大作用，并且水平向加速度幅值和水平向速度幅值均与地铁行驶速度呈正相关的关系，各速度下的放大趋势基本相同；在高台基顶面水平加速度幅值和水平速度幅值均随着距离的增加而减小，各车速（除 v＝40km/h）下减小趋势较一致；上部木结构的水平加速度幅值和水平速度幅值则是随着高度的增加而增大；在列车行驶速度为 60km/h 时，拾振点 5 达到最大水平速度幅值为 0.1595mm/s。

（3）双线行驶时，上部木结构水平加速度幅值和水平速度幅值与地铁行驶速度无线性相关关系，这可能与波在传播过程中的干涉有关系。

5.5　地铁六号线运行下西安鼓楼振动预评估

将地铁六号线单、双线运行时顶层柱顶处水平振动幅值提取出来，如表 5-2 所示。

单、双线运行时承重结构柱顶水平振动幅值对比　　**表 5-2**

水平速度幅值（mm/s）	v＝20km/h	v＝40km/h	v＝60km/h	v＝80km/h
单线	0.1023	0.1719	0.1101	0.1285
双线	0.1290	0.0958	0.1595	0.1117

由表 5-2 可以看出，地铁六号线以单线 40km/h 运行时，西安鼓楼顶层柱顶水平速度响应达到最大值 0.1719mm/s，低于规范规定的容许振动速度 0.202mm/s。即西安鼓楼在上述地铁荷载激励下处于安全状态。

5.6　本章小结

本章首先利用经验分析方法对地铁振动荷载进行了模拟，并在前文的基础上建立了西安鼓楼土体-结构的三维有限元模型。通过数值模拟的方法对地铁六号线以不同车速和不同运行模式运行时西安鼓楼的动力响应情况进行分析，根据分析结果依据国家相关规范对西安鼓楼进行了交通振动评估。主要研究结论如下：

（1）依据英国经验公式，将地铁荷载表示为静荷载和动荷载的拟合，得到了地铁荷载的表达式；通过对不同车速下荷载频域曲线的分析，发现随着车速的增加，荷载频谱幅值有分散后移的趋势。

（2）当地铁六号线单线运行时，高台基对于水平速度幅值、水平加速度幅值以及竖向速度幅值具有放大作用，但对竖向速度幅值放大作用不明显；竖向加速度幅值在经过高台基后会出现大幅度的衰减；木结构对于水平速度幅值、水平加速度幅值、竖向速度幅值以及竖向加速度幅值均具有放大作用，但对于竖向速度幅值以及竖向加速度幅值放大作用不明显。随着地铁行驶速度的增加，从高台基底部到顶部以及柱底到柱顶，竖向速度幅值逐渐减小，竖向加速度幅值逐渐增大；水平速度幅值（除40km/h外）和水平加速度幅值随着车速的增加，从高台基底部到柱顶呈现增大的趋势。

（3）当地铁六号线双线运行时，除高台基对竖向加速度有轻微放大作用外，其他各传播规律与单线运行基本相同。随着地铁行驶速度的增加，从高台基底部到顶部以及柱底到柱顶，竖向速度幅值和竖向加速度幅值都呈现减小的趋势；水平速度幅值和水平加速度幅值随着车速的增加，从高台基底部到顶部呈现增大的趋势；上部木结构的水平速度幅值和水平加速度幅值则与地铁行驶速度无线性相关关系。

（4）当地铁六号线以单线40km/h运行时，西安鼓楼顶层柱底水平振动速度幅值为0.1719mm/s，未超过规范限值要求，即认为西安鼓楼在地铁六号线激励作用下处于安全状态。

参考文献

[1] 夏禾．车辆与结构动力相互作用［M］．北京：科学出版社，2002.

[2] 日本噪声控制协会．地域的环境振动［M］．东京：技报堂出版株式会社，2001.

[3] 田春芝．地铁振动对周围建筑物影响的研究概况［J］．铁道劳动安全卫生与环保，2000（1）：66-69.

[4] 周云．交通荷载对周边建筑的振动影响分析［D］．杭州：浙江大学，2005.

[5] Forrest J A，Hunt H E M. Ground vibration generated by trains in underground tunnels［J］. Journal of Sound and Vibration，2006，294（4-5）：706-736.

[6] Crispino M，D'Apuzzo M. MEASUREMENT AND PREDICTION OF TRAFFIC-INDUCED VIBRATIONS IN A HERITAGE BUILDING［J］. Journal of Sound & Vibration，2001，246（2）：319-335.

[7] 徐建．建筑振动工程手册［M］．北京：中国建筑工业出版社，2016.

[8] 王毅欣．古建筑木塔结构线弹性有限元分析［D］．湖南大学，2013.

[9] 乔冠东．交通激励作用下聊城光岳楼动力特性及动力响应分析［D］．西安建筑科技大学，2015.

[10] 秦术杰，杨娜，胡浩然，等．残损明清古建筑木结构动力特性研究［J］．建筑结构学报，2018，39（10）：130-137.

[11] 曹忠磊．列车振动作用下良乡多宝佛塔的动力响应研究［D］．北京：北京交通大学，2018.

[12] 曾建．交通激励作用下西安钟楼动力特性分析［D］．西安：西安建筑科技大学，2013.

[13] 孟昭博．西安钟楼的交通振动响应分析及评估［D］．西安：西安建筑科技大学，2009.

[14] 陈志勇．应县木塔典型节点及结构受力性能研究［D］．哈尔滨：哈尔滨工业大学，2011.

[15] 薛建阳，任国旗，许丹，等．传统民居穿斗式木结构栓榫节点抗震性能试验研究［J］．建筑结构学报，2019，40（10）：158-167.

[16] 董金爽，薛建阳，隋龑，等．不同松动程度下古木结构不对称榫卯节点滞

回特性及破坏评估试验研究［J］．应用力学学报，2019，36（6）：1321-1327，1519.

［17］ 薛建阳，任国旗，张家珩，等．采用角钢加固的传统民居十字型半榫节点抗震性能试验研究［J］．建筑结构学报，2020：1-10.

［18］ 周乾，闫维明，周锡元，等．古建筑榫卯节点抗震性能试验［J］．振动．测试与诊断，2011，31（6）：679-684，808.

［19］ Kyuke H，Kusunoki T，Yamamoto M，et al. Shaking Table Tests of ‘MASUGUMI’ Used in Traditional Wooden Architectures［C］. 10th World Conference on Timber Engineering. Miyazaki：WCTE，2008：308.

［20］ Seo J M，Choi I K. Static and Cyclic Behavior of Wooden Frames With Tenon Joints Under Lateral Load［J］. Journal of Structural Engineering，1999，125（3）：344-349.

［21］ Nakagawa T，Ohta M. Collapsing process simulations of timber structures under dynamic loading I：simulations of two-story frame models［J］. Wood Science，2003，49：392 - 397.

［22］ Nakagawa T，Ohta M. Collapsing process simulations of timber structures under dynamic loading II：simplification and quantification of the calculating method［J］. Wood Science，2003，49：499-504.

［23］ 薛建阳，许丹，代武强．穿斗式木结构通榫节点抗震性能研究及数值模拟分析［J］．土木工程学报，2019，52（11）：56-65.

［24］ 赵均海，俞茂宏，高大峰，等．中国古代木结构的弹塑性有限元分析［J］. 西安建筑科技大学学报（自然科学版），1999（2）：31-33.

［25］ 赵均海，俞茂宏，杨松岩，等．中国古代木结构有限元动力分析［J］．土木工程学报，2000，33（1）：32-35.

［26］ 文健，胡娉．基于有限元数值分析的木结构抗震性能分析及其在建筑中的应用［J］．地震工程学报，2019，41（3）：588-595.

［27］ 周乾，闫维明，周锡元，等．中国古建筑动力特性及地震反应［J］．北京工业大学学报，2010，36（1）：13-17.

［28］ 吴严辉．交通荷载作用下古木结构控制点振动规律研究［D］．西安：西安建筑科技大学，2016.

［29］ 丁磊，王志骞，俞茂宏．西安鼓楼木结构的动力特性及地震反应分析

[J]. 西安交通大学学报，2003（9）：986-988.

[30] 马辉．中国高台基木结构古建筑动力特性及地震反应研究 [D]．西安：西安建筑科技大学，2011.

[31] Green M F，Cebon D. Dynamic interaction between heavy vehicles and highway bridges [J]．Computers & Structures，1997，62（2）：253-264.

[32] Jerry，J. Haijek，Chris，T. Blaney and David，K. Hein. Mitigation of Highway Traffic-Induced Vibration. Session on Quiet Pavement：Reducing Noise and Vibration [C]．2006 Annual Conference of the Transportation Association of Canada Charlottetown，Prince Edward Island.

[33] 史双参．交通振动下准提寺藏经楼的动力特性分析 [D]．扬州：扬州大学，2016.

[34] 茅玉泉．交通运输车辆引起的地面振动特性和衰减 [J]．建筑结构学报，1987（1）：67-77.

[35] 王毅．北京地下铁道振动对环境影响的调查与研究 [J]．地铁与轻轨，1992（2）：21-24，33.

[36] 翟杰群．地铁振动传播的现场测试与数值分析 [D]．上海：同济大学，2007.

[37] 李晓霖．地铁诱发振动对地面以及地上结构的影响规律研究 [D]．北京：北京工业大学，2003.

[38] 中华人民共和国国家标准．古建筑防工业振动技术规范 GB/T 50452-2008 [S]．北京：中国建筑工业出版社，2008.

[39] 中华人民共和国国家标准．建筑工程容许振动标准 GB 50868-2013 [S]．北京：中国建筑工业出版社，2008.

[40] 中国工程建设标准化协会建筑振动专业委员会．建筑振动工程手册 [M]. 北京：中国建筑工业出版社，2002.

[41] Deutsches Institut Fur Normung E V. DIN 4150-2：1999，Structuralvibration in buildings Effects on structures [S]．1999.

[42] 唐宇峰．公路隧道爆破钻爆系统安全质量控制方法的研究与应用 [D]．成都：西南交通大学，2012.

[43] 赵鸿铁，薛建阳等．中国古建筑结构及其抗震—试验、理论及加固方法 [M]. 北京：科学出版社，2012.

[44] 李琪．古建筑木结构榫卯及木构架力学性能与抗震研究 [D]．西安：西

安建筑科技大学，2008.

［45］ 张鹏程．中国古代木构建筑结构及其抗震发展研究［D］．西安：西安建筑科技大学，2003.

［46］ 马尔妮，赵广杰．木材物理学专论［M］．北京：中国林业出版社，2012.

［47］ 龙卫国．木结构设计手册［M］．北京：中国建筑工业出版社，2005.

［48］ 徐秉业，刘信声著．应用弹塑性力学［M］．北京：清华大学出版社，1995.

［49］ 王新敏．ANSYS 工程结构数值分析［M］．北京：人民交通出版社，2007.

［50］ 王鑫，麦云飞．有限元分析中单元类型的选择［J］．机械研究与应用，2009，22（6）：43-46.

［51］ 赵均海，俞茂宏，杨松岩，等．中国古代木结构有限元动力分析［J］．土木工程学报，2000，33（1）：32-35.

［52］ 韩广森．城市轨道交通微幅振动对古建筑的影响［D］．西安：西安建筑科技大学，2011.

［53］ 苏军．中国木结构古建筑抗震性能的研究［D］．西安：西安建筑科技大学，2007.

［54］ 张锡成．地震作用下木结构古建筑动力分析［D］．西安：西安建筑科技大学，2013.

［55］ 胡卫兵，韩广森，于海平．古建筑榫卯节点刚度分析［J］．四川建筑科学研究，2011，37（6）：44-47.

［56］ 张鹏程，赵鸿铁，薛建阳，等．中国古代大木作结构振动台试验研究［J］．世界地震工程，2002（4）：35-41.

［57］ 高大峰，赵鸿铁，薛建阳，等．中国古建木构架在水平反复荷载作用下的试验研究［J］．西安建筑科技大学学报（自然科学版），2002，34（4）：317-319.

［58］ 高大峰，赵鸿铁，薛建阳，等．中国古建木构架在水平反复荷载作用下变形及内力特征［J］．世界地震工程，2003，19（1）：9-14.

［59］ 赵均海，俞茂宏，杨松岩等．中国古代木结构有限元动力分析［J］．木工程学报，2000，3（1）：32-35.

［60］ 高大峰，赵鸿铁，薛建阳，等．中国古代大木作结构斗栱竖向承载力的试验研究［J］．世界地震工程，2003，19（3）：56-61.

［61］ 谢启芳．中国木结构古建筑加固的试验研究及理论分析［D］．西安：西安建筑科技大学，2007.

[62] 中华人民共和国国家标准．建筑结构荷载规范 GB 50009-2012 [S]．北京：中国建筑工业出版社，2012.

[63] R. W. 克拉夫，J. 彭津著，王光远等译．结构动力学 [M]．北京：科学技术出版社，1981.

[64] Jones D V，Petyt M. Ground vibration in the vicinity of a strip load：a two-dimensional half-space model [J]．Journal of Sound and Vibration，1991，147（1）：155-166.

[65] Jones C J C，Sheng X，Petyt M. Simulations of ground vibration from a moving harmonic load on a railway track [J]．Journal of Sound and Vibration，2000，231（3）：739-751.

[66] Jones C J C，Block J R. Prediction of ground vibration from freight trains [J]．Journal of Sound and Vibration，1996，193（1）：205-213.

[67] 曹艳梅．列车引起的自由场地及建筑物振动的理论分析和试验研究 [D]．北京：北京交通大学，2006.

[68] 梁波，蔡英．不平顺条件下高速铁路路基的动力分析 [J]．铁道学报，1999，21（2）：84-88.

[69] 胡宗允，李晶晶．地铁列车荷载分析方法 [J]．路基工程，2006（5）：18-20.

[70] 李亮，张丙强，杨小礼．高速列车振动荷载下大断面隧道结构动力响应分析 [J]．岩石力程学报，2005（23）：4259-4265.

[71] 刘维宁，夏禾，郭文军．地铁列车振动的环境响应 [C]．第五届全国岩石动力学学术会议文集，南京，1996.

[72] 王逢朝，夏禾．列车振动对环境及建筑物的影响分析 [J]．北方交通大学学报，1999，23（4）：13-17.

[73] 国外高速列车译文集编委会．国外高速列车译文集 [C]．北京：铁道部科学研究院，1997.

[74] 王兰民．黄土动力学 [M]．北京：地震出版社，2003.

[75] 谷天峰．郑西客运专线黄土地基振（震）陷研究 [D]．西安：西北大学，2007.

[76] 申跃奎．地铁激励下振动的传播规律及建筑物隔振减振研究 [D]．上海：同济大学，2007.

[77] 沈霞．地铁振动计算分析中的若干问题研究 [D]．上海：同济大学，2005.

[78] 杨永斌，郭世荣等．高速列车所引致之土壤振动分析［R］．台湾：台湾大学，1996.

[79] 张宝才．浅埋地下工程及相关系统振动控制的工程实践和理论分析［D］. 北京：铁道部科学研究院，2002.

[80] Lysmer J. Finite dynamic model for infinite media ［C］ //Proc. of ASCE. 1969：859-877.

[81] 陈瑞春．西安地铁列车振动对钟楼影响的研究［D］．北京：北京交通大学，2008.

[82] 张风亮．中国古建筑木结构加固及其性能研究［D］．西安：西安建筑科技大学，2013.

[83] 张风亮．中国木结构古建筑屋盖梁架体系力学性能研究［D］．西安：西安建筑科技大学，2011.